HANS GEORG NIEMEYER
EINFÜHRUNG IN DIE ARCHÄOLOGIE

DIE ARCHÄOLOGIE

Einführungen

WISSENSCHAFTLICHE BUCHGESELLSCHAFT
DARMSTADT

HANS GEORG NIEMEYER

EINFÜHRUNG
IN DIE ARCHÄOLOGIE

WISSENSCHAFTLICHE BUCHGESELLSCHAFT
DARMSTADT

1. Auflage 1968
2., korrigierte und ergänzte Auflage 1978

CIP-Kurztitelaufnahme der Deutschen Bibliothek

Niemeyer, Hans Georg:
Einführung in die Archäologie / Hans Georg
Niemeyer. – 3. Aufl. – Darmstadt: Wissenschaftliche
Buchgesellschaft, 1983.
   (Die Archäologie)
   ISBN 3-534-03962-9

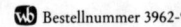 Bestellnummer 3962-9

3. Auflage 1983
© 1978 by Wissenschaftliche Buchgesellschaft, Darmstadt
Druck und Einband: Wissenschaftliche Buchgesellschaft, Darmstadt
Printed in Germany
Schrift: Linotype Garamond, 9/11

ISSN 0724-5017
ISBN 3-534-03962-9

INHALTSVERZEICHNIS

I. Die Archäologie des Mittelmeerraumes 7

II. Zur Geschichte der Archäologie als Lehrfach an den deutschen Universitäten 19

III. Die Denkmäler und ihre Überlieferung 31

IV. Wiedergewinnung und Beschreibung der Denkmäler . . 46

V. Zeitbestimmung. Absolute und relative Chronologie . . 70

VI. Stil, Entwicklung, Struktur 86

VII. Erklärung und Deutung 97

VIII. Nachtrag 121

Tafeln 135

I. DIE ARCHÄOLOGIE DES MITTELMEERRAUMES

Jeder Mensch ist dem geschichtlichen Erbe verpflichtet, das ihm übertragen ist und ihn zugleich bestimmt. Mit den Worten von Karl Jaspers ist „keine Realität wesentlicher für unsere Selbstvergewisserung als die Geschichte. Sie zeigt uns den weitesten Horizont der Menschheit, bringt uns die unser Leben begründenden Gehalte der Überlieferung, zeigt uns die Maßstäbe für das Gegenwärtige, befreit uns aus der bewußtlosen Gebundenheit an das eigene Zeitalter, lehrt uns den Menschen in seinen höchsten Möglichkeiten und in seinen unvergänglichen Schöpfungen sehen" (K. Jaspers, Einführung in die Philosophie. München 1953, S. 94). Dieses Bewußtsein von Wesen und Wert des geschichtlichen Erbes ist in unserer Gegenwart allgemeiner und weiter verbreitet als je zuvor. Eine Flut populärer Literatur, die Erwachsenenbildung und die verschiedenen Medien öffentlicher Kommunikation bemühen sich, dieses Bewußtsein lebendig zu erhalten und die allgemeine Kenntnis dieses Erbes einerseits zu mehren, andererseits den verschiedenen Graden der Bewußtheit anzupassen. Es ist bezeichnend, daß auch die Philosophie gerade unseres Jahrhunderts die Geschichtlichkeit als „eine Grundstruktur des Daseins als in-der-Welt-Seins und damit von Welt selbst" klarer als zuvor erkannt und definiert hat. (Vgl. L. Landgrebe, Philosophie der Gegenwart. Ullstein-Bücher Nr. 166, Frankfurt/M.-Berlin 1961, S. 90 ff.) Der Leser dieses Buches wird wie der Verfasser unter dem geschichtlichen Erbe in erster Linie immer das europäische, abendländische Erbe verstehen, er wird darunter die Zeugnisse aus der Vergangenheit unserer eigenen Kultur begreifen, die auf vielfältige Art noch in unsere Gegenwart hinein wirksam sind.

Die Wissenschaft Archäologie wendet sich einem räumlich, zeitlich und sachlich abgegrenzten Teil dieses Erbes zu. Sie ist ihrem Wortsinne nach, als „ἀρχαιολογεία", Wissenschaft von den Anfängen einer Kultur, oder auch nur einer bestimmten Gruppe von frühen Erscheinungen einer Kultur. Doch sind Gegenstand und Grenzen dieser Wissenschaft damit noch nicht definiert, „Archäologien" der verschiedensten Äußerungen einer Kultur wären denkbar, etwa eine „Archäologie der Literatur", wie sie das 18. Jahrhundert kannte. Entscheidend für die Begriffsbestimmung innerhalb des größeren Rahmens sind wissenschaftlicher Sprachgebrauch und die Tradition des Lehrfaches an den Universitäten, die sich im Verhältnis zu den Nachbarfächern ausgebildet haben, vor allem aber die Aufgaben, die der Archäologe bewältigen will, und die Mittel—Gegenstand und Methode—, deren er sich dabei bedient. Aus der vielgestaltigen Hinterlassenschaft der Vergangenheit greift die Archäologie als ihren Gegenstand denjenigen Teil heraus, der materielle Substanz aufweist und von Menschenhand geformt oder geordnet ist und dessen Sinngebung sich in Form oder Ordnung erfüllt. Das kann ein Ding des täglichen Gebrauchs oder ein Kunstwerk sein, Abwasserkanal oder Tempel, Statue oder Tonkrug. Für sich genommen haben diese Gegenstände durchaus verschiedenen Wert. Aber im kulturgeschichtlichen Zusammenhang ist ihr Aussagewert jeweils von den wissenschaftlichen Fragen abhängig, die an sie gestellt werden. Eine einzelne Scherbe kann für die Geschichte einer Siedlung von der gleichen Bedeutung sein wie das Landschaftsbild eines bedeutenden Meisters für die Geschichte der Malerei. Nicht der Genuß, sondern Bewahrung, Erforschung und Vermittlung des geschichtlichen Erbes sind die Aufgaben der Wissenschaft.

Aus dem Zusammenhang mit dem Bemühen um ein historisches Selbstverständnis ergeben sich für die Archäologie, die nach ihrer Entstehung eine europäische Wissenschaft ist, ihre zeitlichen und räumlichen Grenzen. Die abendländisch-europäische Kultur ist im Mittelmeerraum entstanden, in einer Zeit, die wir heute als „Altertum" oder „Antike" bezeichnen. Die Archäologie versteht sich als ein Zweig, eine Disziplin innerhalb der Wissenschaften, die das Altertum und sein Erbe in ganzem Umfange zum Forschungsgegenstand haben. Daraus ergibt sich auch der geographische und der historische Raum, innerhalb dessen der Archäologe sein Arbeitsgebiet findet. Die geographischen Grenzen sind die des Mittelmeer-Raumes und der an ihn grenzenden Gebiete, „die zu ihm in historisch wirksamen, politischen und kulturellen Beziehungen gestanden haben. Die innere Einheit dieses Raumes (eine wissenschaftlich erhärtete Tatsache) wird nicht durch das Volkstum seiner Bewohner, sondern durch einen mehr oder weniger intensiven Kulturaustausch hergestellt, bei dem das Mittelmeer selbst die Rolle des großen Mittlers gespielt hat" (H. Bengtson, Einführung in die Alte Geschichte. 4. Aufl., München

1962, S. 5 f.). So läßt sich Archäologie bestimmen als die Wissenschaft vom materiellen Erbe der antiken Kulturen des Mittelmeerraumes.

Die Nord-, West- und Südgrenzen dieses Raumes werden gebildet durch die Küsten des Schwarzen Meeres, die Flüsse Donau und Rhein, den Hadrianswall in England zwischen dem Tyne und dem Solway-Firth, den Atlantik und den nordafrikanischen Wüstengürtel von der West-Sahara über die Libysche bis zur Nubischen Wüste. Hier und dort hat die antike Welt über diese meist natürlichen Grenzen hinausgegriffen, in Dacien, Germanien und Britannien, aber mit Ausnahme des Decumatenlandes zwischen Rhein und Donau haben sich in jenen Gebieten kaum Spuren von größerer Bedeutung erhalten, war der Besitz von kurzer Dauer. Die Ostgrenzen dagegen sind stets offen gewesen. Begegnungen zwischen Okzident und Orient, neben den kriegerischen solche des friedlichen Handels, lassen sich durch die gesamte Geschichte des Altertums hindurch verfolgen; sie haben zu einem Kulturaustausch geführt, wie ihn der weitaus geringfügigere Handel mit den Barbarenvölkern jenseits der Nordgrenzen nie hervorbringen konnte. Über die Ostgrenzen haben die Hochkulturen des Vorderen und Mittleren Orients auf diejenigen des Mittelmeerraumes einen ständigen Einfluß ausgeübt und sind in Wechselwirkung von diesen beeinflußt worden. Oft hat der Orient mehr gegeben als genommen. Aber es darf dabei nicht übersehen werden, daß die Völker des alten Orients nie für längere Zeit im Mittelmeerraum in historischem Sinne wirksam geworden sind, auch wenn sie, wie die Perser, für eine längere Dauer politischen Einfluß ausübten. Eine Ausnahme von größerer geschichtlicher Bedeutung bildet das syrische Küstenvolk der Phöniker, das schon früh entlang der nordafrikanischen Küsten bis an die westliche Grenze der damals bekannten Welt vorgedrungen ist und später durch das Karthagische Reich eine eigenständige Kultur innerhalb des Mittelmeerraumes hervorbrachte. Andererseits sind die Griechen unter Alexander und den Diadochen, die Römer in der Zeit der ausgehenden Republik und unter Traian weit in den Osten hinein vorgestoßen, haben Reiche und Provinzen errichtet, die in wesentlichen Zügen oder ausschließlich von der Kultur der mittelmeerischen Antike geprägt waren. Wenn aus historischen Gründen eine klare Scheidung nicht vorgenommen werden kann, so hat sich durch die Tradition der betroffenen Wissenschaftsdisziplinen doch eine konventionelle Trennung ausgebildet und bewährt: der Archäologe, der an der Universität an den Denkmälern der griechisch-römischen Kultur geschult wird, muß es sich meist versagen, in den Bereich der ägyptischen und altorientalischen Kultur tiefer einzudringen, deren Sprachen er nur in seltenen Fällen zusätzlich erlernen kann. Die Erforschung der materiellen Hinterlassenschaft jener Kulturen hat aber die Kenntnis der zugehörigen Sprachen ebenso zur Voraussetzung wie die „Archäologie" diejenige des Griechischen und Lateinischen. Auch ist jene trotz aller Beziehungen hinüber und herüber hinsichtlich ihrer Formstruktur von grundsätzlich anderer Art. Die Länder des Orients und Ägypten gehören erst dann auch unmittelbar in den Bereich archäologischer Forschung im oben eingeschränkten Sinne, wenn es Denkmäler aus der Zeit der griechischen oder römischen Herrschaft zu untersuchen gilt. So haben sich für diese Wissensgebiete eigene Disziplinen herausgebildet, die mit Altorientalistik bzw. altorientalischer Altertumskunde (oder -Archäologie) und Ägyptologie bezeichnet werden.

Die zeitlichen Grenzen des archäologischen Betätigungsfeldes lassen sich weniger gut festlegen. Es sind die Hochkulturen, deren materielle Hinterlassenschaft den Gegenstand archäologischer Forschung ausmacht. Aber die Hochkulturen der mittelmeerischen Antike sind in den verschiedenen Regionen des Mittelmeergebietes zu ganz verschiedenen Zeiten entstanden. Im Aegaeisraum beginnt die früheste, die „minoische Kultur" auf Kreta, im 3. Jahrtausend v. Chr., die mykenische Kultur auf festländisch-griechischem Boden im 2. Jahrtausend v. Chr., und erst im 8. Jahrhundert v. Chr. etruskische und römische Kultur auf dem Boden Italiens, die phönikisch-karthagische in Nordafrika. Die obere Grenze hat man auch mit dem Übergang zur schriftlich aufgezeichneten Geschichte gleichsetzen und folgerichtig die minoisch-mykenische Kultur aus dem Gesichtskreis der Archäologie verbannen wollen. Gerade die Entwicklung der letzten Jahrzehnte aber hat gezeigt, wie eng mykenische und griechische Kultur zusammenhängen, so unter anderem durch die religiöse Kontinuität in einer Reihe von Götterkulten und hier und da auch durch die Kontinuität der Besiedlung, vor allem in Athen. Seit der Entzifferung der mykenischen Silbenschrift, der „Linear-B"-Schrift, wissen wir, daß die zugehörige Sprache ein vorhomerisches Griechisch war, daß mit Recht die mykenische Kultur der aegaeischen Bronzezeit als erste Manifestation abendländischer Gesittung erklärt werden muß.

Das Ende der mittelmeerischen Antike, die Grenze gegen das „Mittelalter", ist ähnlich unscharf. Auf der Suche nach einem möglichen Einschnitt hat man bald das eine, bald das andere bedeutende historische Ereignis herausgegriffen, ohne daß einer dieser Ansätze die allgemeine Zustimmung gefunden hätte. Entscheidend für den Übergang von der Antike zum Mittelalter sind die Neugruppierungen der politischen Mächte und die Verschiebung des Schauplatzes abendländischer Geschichte nach West- und Mitteleuropa, die allmähliche Isolierung des Byzantinischen Reiches, die Eroberung der nordafrikanischen Mittelmeerküste, der Levante und der Iberischen Halbinsel durch den Islam. Das Mittelmeer verliert seine vermittelnde und einigende Funktion. Die Epochen für diese Entwicklung sind der Abzug der römischen Truppen vom Rhein im Jahre 401, das Entstehen der Germanenreiche auf dem Boden des römischen Imperiums (486 die Gründung des selbständigen Frankenreiches durch den Sieg Chlodwechs über den letzten Repräsentanten römischer Herrschaft, den dux Syagrius, bei Soissons), 572 die Einnahme Pavias durch die Langobarden, 711 die Eroberung Spaniens durch die Araber. Mit dieser politischen Entwicklung einher geht der allmähliche Verlust der Grundlagen für die mittelmeerische antike Kultur und deren Äußerungen in Architektur, Kunst und Handwerk, der Abbau jener großen Einheit, zu der der Mittelmeerraum in vier Jahrhunderten römischer Herrschaft in einem vorher und nachher nicht erreichten Maße zusammengefaßt worden war. Mit der Gründung des neuen abendländischen Kaisertums durch Karl den Großen ist die Antike endgültig Vergangenheit, ist ihre Hinterlassenschaft zum verpflichtenden Erbe geworden. Das Auftreten einer ersten Renaissance, die auf der Bulle dieses Kaisers programmatisch verkündete „renovatio imperii romani", sind Zeichen der abgeschlossenen Entwicklung.

Der Mangel an festen Grenzen, in geographischer wie in historischer Sicht, ist kein Nachteil. Er verpflichtet den Archäologen, seine Wissenschaft von Anbeginn seines Studiums in engstem Kontakt mit den benachbarten Disziplinen zu betreiben. Einige davon, Ägyptologie und Alt-Orientalistik, sind schon genannt. Daneben treten in erster Linie die Vorgeschichte (Vor- oder Ur- und Frühgeschichte, Prähistorie) und die Kunstgeschichte. Auf eine gewisse Grundkenntnis dieser Wissenschaften kann niemand verzichten, der das vielschichtige Bild der antiken mittelmeerischen Kulturen im Zusammenhang erfassen will. Schon bei einer Ausgrabung kann der Archäologe Bodenfunden gegenüberstehen, die über den Rahmen der griechisch-römischen Kultur hinausgehen, die aber gleichwohl die ihnen zukommende

Beachtung erfordern. Doch ist dies keineswegs der einzige Fall einer solchen Berührung mit den Nachbardisziplinen. Neben den Funden aus „prähistorischen", besser vorminoischen, vorrömischen Schichten und den als orientalischer oder ägyptischer Import erkannten Fundstücken ist an den mächtigen Einstrom orientalischer Religionsformen in der römischen Kaiserzeit zu erinnern, der erst aus den archäologischen Zeugnissen in vollem Umfang erschlossen werden konnte. Andererseits wird die Hinterlassenschaft der germanischen Reiche auf dem Boden des römischen Imperiums, also der Ost- und Westgoten, Langobarden usw. nicht mehr von der Archäologie erforscht, sondern von der „Frühgeschichte" und der Kunstgeschichte. Schließlich ist die Kenntnis der von den Disziplinen Vorgeschichte und Kunstgeschichte erarbeiteten Methoden der Interpretation für die Archäologie unerläßlich.

Als unmittelbare Nachbarn innerhalb der Altertumswissenschaft selbst haben Alte Geschichte und Altphilologie zu gelten sowie die Geschichte der antiken Philosophie, Religion, Musik, Mathematik, Medizin. Alle diese Fächer sind für die Archäologen schon insofern von Bedeutung, als ihre Ergebnisse die Einordnung der eigenen Forschung in den großen Zusammenhang erst ermöglichen; sie sind es vor allem dann, wenn die literarischen Zeugnisse („Schriftquellen") etwa in kunstgeschichtlichen oder antiquarischen Fragen die Antworten der materiellen Zeugnisse („Monumentale Quellen", „Denkmäler") ergänzen können. Zwei Hilfsdisziplinen der Alten Geschichte, die sich in der akademischen Tradition eine besondere Selbständigkeit erwarben, sind Antike Numismatik und Epigraphik, die Wissenschaften von den antiken Münzen und Inschriften. Ihr Forschungsgegenstand ist zugleich auch ein archäologischer. Es genügt hier, auf die Bedeutung hinzuweisen, welche den Bauinschriften und Inschriften auf Statuenbasen oder auf den Statuen selbst beizumessen ist. Ebenso offenkundig ist die Rolle, die das Porträt auf den antiken Münzen (seit dem 5. Jahrhundert v. Chr.) für die Erforschung der griechischen und römischen Porträtskulptur einnehmen muß, oder etwa die Bedeutung von Münzfunden bei archäologischen Grabungen.

Weiter sind zwei Disziplinen zu nennen, die an sich unmittelbar zur Archäologie gehören, aber doch von ihr getrennt betrieben werden, zum Teil aus sachlichen Gründen: die „Christliche Archäologie" erforscht nicht anders als die Archäologie monumentale Quellen aus der Antike, mit der Beschränkung allerdings auf solche Denkmäler,

die christlichen Inhalts sind oder mit der Ausübung des christlichen
Kultes in Zusammenhang stehen. Aber die Methoden der Untersuchung sind doch ganz die gleichen, und eine Ausgrabung in einem
christlichen Wallfahrtsort ist eine archäologische Ausgrabung wie andere auch, ebenso wie das Porträt eines christlichen Kaisers in der
Reihe der Porträts der römischen Kaiser seinen Platz hat. Die Christliche Archäologie ist jedoch zuerst als Disziplin der theologischen
Fakultäten entstanden und auch heute zumeist dort beheimatet. Das
findet seinen Sinn darin, daß Denkmäler der christlichen Antike inhaltlich in erster Linie aus der Kenntnis der christlichen Literatur
und Liturgie interpretiert werden müssen und diese ein so umfang-
reiches Quellenmaterial darstellen, daß deren tiefergreifende Durchdringung nahezu ein eigenes Studium erfordert. — Ähnlich steht es
mit der Baugeschichte, einer Disziplin, die an den Technischen Hoch-
schulen gelehrt wird. Hier sind es die technischen Voraussetzungen, die
aus der Erforschung der antiken Architektur fast eine eigene Wissenschaft haben werden lassen. Der wechselseitige Austausch von Methoden und Ergebnissen ist jedoch auch hier notwendig. Auch Bauforscher
müssen, wenn sie sich mit antiken Denkmälern befassen, Archäologen
sein.

Aus der geschichtlichen Wesensbestimmung der Archäologie ergibt
sich, daß jene Disziplinen, die sich unter dem gleichen Namen „Archäologie" mit den Kulturen des Alten Amerika oder des Fernen
Ostens beschäftigen, hier ausgeschlossen bleiben müssen. Ihre Ein-
beziehung würde den Rahmen unseres geschichtlichen Raumes nach
beiden Grenzen, der geographischen sowohl wie der historischen,
durchstoßen. Noch aus einem anderen Grunde darf gefragt werden,
ob etwa eine Bezeichnung wie „Altamerikanische Archäologie" richtig
gewählt ist für jene Disziplin: denn in ihr werden die Kulturen
eines ganz bestimmten historischen Raumes von ihrem Anbeginn bis
zu ihrem Ende behandelt, das mit dem Übergreifen der europäisch-
abendländischen Kultur in jenen Raum eingeleitet wird und sich in
großer Schnelligkeit vollzieht. Die Hinterlassenschaft der Inkas, Mayas
und Azteken ist kaum wirksam mehr im Sinne eines lebendigen Erbes.
Ein Mißverständnis ist es auch, unter dem Begriff „Archäologie"
nur die Wissenschaft vom Ausgraben verstehen zu wollen. Nur zu
gern wird in diesem Zusammenhang das Bild eines bärtigen Mannes
in Khakizeug und mit lehmverschmierten Stiefeln beschworen, die
Verbindung von moderner Technologie und abenteuerlichem Leben.

Gewiß gibt es Archäologen, die lange Zeit das Leben eines Ausgräbers führen; aber das Ausgraben ist doch nur ein Arbeitsgebiet unter vielen anderen, eine Methode, die allerdings gerade unter dem Einfluß der Naturwissenschaften und zum Teil mit ihrer Hilfe in den letzten Jahrzehnten außerordentlich verfeinert worden ist und keineswegs als bloße Technik zu gelten hat, sondern mit allen Konsequenzen als eine wissenschaftliche Leistung. Und ebenso, wie manche vornehmlich Ausgräber sind, haben sich andere anderen Teilbereichen des archäologischen Arbeitsfeldes in spezialisierter Forschung zugewandt, bestimmten Kulturkreisen, wie den Etruskern oder den bronzezeitlichen Griechen, oder bestimmten sachlich begrenzten Phänomenen der antiken Kulturen, wie griechischer Plastik oder römischer Keramik. Der Akzent der persönlichen Forschung mag je nach dem Gegenstand einmal mehr auf der kunstgeschichtlichen, ein anderes Mal mehr auf der kulturgeschichtlichen oder antiquarischen Seite liegen, immer ist sie Teil eines Ganzen, dient sie der Erforschung der mittelmeerischen Antike.

Die hier und zu den folgenden Kapiteln verzeichnete Literatur stellt jeweils nur eine Auswahl aus der Fülle der Veröffentlichungen dar. Nach Möglichkeit werden Untersuchungen genannt, die entweder einen Überblick vermitteln oder durch ihre kritische Auseinandersetzung mit der Forschung das Eindringen in die aktuelle Problematik erleichtern. Ein für alle Mal wird auf die angeführten Handbücher, Lexika und Bibliographien sowie auf den ›Nachtrag‹, unten S. 121 ff., verwiesen.

Allgemein: Einführungen in die Archäologie sind gerade in letzter Zeit in größerer Zahl erschienen: Die unvollendet gebliebene Darstellung von A. R u m p f , Archäologie. I: Einleitung: Historischer Überblick; II: Die Archäologensprache. Die Antiken Reproduktionen. Slg. Göschen Bd. 538 (1953). 539 (1956), war als Ersatz geplant für die teilweise veraltete Einführung von F. K o e p p , Archäologie I–III. Slg. Göschen Bd. 538–540 (1911), IV (= III 2, 2. Auflage), Slg. Göschen Bd. 540 (1920). — Einseitig aus der Sicht des Ausgräbers geschrieben ist: S i r M. W h e e l e r , Moderne Archäologie. Rowohlts Dt. Enzyklopädie 111/112 (1960). Nützlich als Übersicht über die Anwendung naturwissenschaftlicher Methoden in Archäologie und Vorgeschichte (vgl. dazu auch unten S. 53 f.): J. A. H. P o t r a t z , Einführung in die Archäologie. Kröners Taschenausgabe Bd. 344 (1962); im einleitenden Teil, zur Archäologie allgemein, steckt freilich viel überflüssige Polemik gegen die „klassische" Archäologie. — H. K n e l l , Archäologie (1973). Zu den allgemeinen Einführungen vgl. jetzt auch H. G. N i e m e y e r , Methodik

der Archäologie, in: Enzyklopädie der geisteswissenschaftlichen Arbeitsmethoden Lfg. 10 (München 1974). — Eine sorgfältige und umfangreiche
Darstellung, von H. B u l l e , in: Handbuch der klassischen Altertumswissenschaft Bd. VI: Handbuch der Archäologie Bd. I (1913). Das Handbuch der Archäologie wird jetzt neu herausgegeben von U. H a u s -
m a n n. Bisher erschienen sind: Allgemeine Grundlagen der Archäologie,
hrsg. von U. H a u s m a n n (1969), weitgehend ein überarbeiteter Neudruck des Bandes I von 1939, sowie der Band: Vorderasien I, von
B a r t h e l H r o n d a (1971). — Ein sprachlich brillanter, kurzer Essay
ist die Darstellung von E. B u s c h o r , Wesen und Methode der Archäologie, in: Handbuch der Archäologie I (hrsg. v. W. Otto, 1939), S. 3—10.
Vgl. dazu als kritische Stimmen H. S e n k , Archiv für Orientforschung
14, 1941—44, 343; A. W. L a w r e n c e , Journal of Hellenic Studies 60,
1940, 103. Besonders wegen der kritischen Auseinandersetzung mit der
jüngeren Forschung wichtig ist: P. E. A r i a s , L'Archeologia: metodo,
fonti, storia, in: Enciclopedia Classica III Vol. X Bd. I (Turin 1957). —
Neue Problemstellungen behandeln M. R o d i n s o n , De l'archéologie
à la sociologie historique, Syria 38, 1961, 170 ff. R. B i a n c h i B a n -
d i n e l l i in: Mélanges offerts à K. Michalowski (Warschau 1966)
261 ff. Als Handbuch ist vor allem das im Rahmen des Handbuches der
Altertumswissenschaft (begr. von I. Müller, bei C. H. Beck, München)
herausgegebenes Handbuch der Archäologie zu nennen, von dem außer
dem oben erwähnten Bd. I folgende Bände erschienen sind: II (1954):
Jüngere Steinzeit und Bronzezeit in Europa und einigen angrenzenden
Gebieten bis um 1000 v. Chr. V (1950): Die griechische Plastik, von
G. L i p p o l d. VI (1953): Malerei und Zeichnung, von A. R u m p f.
Weitere Bände in Vorbereitung (s. o.). — Paulys Real-Encyclopädie der
klassischen Altertumswissenschaft. Neue Bearbeitung. 1894 ff. — Enciclopedia dell'arte antica classica e orientale. Bd. I ff. (Florenz, Treccani
1958 ff.). — Lexikon der Alten Welt (Artemis-Verlag, 1965).

Allgemeine Darstellungen: Handbuch der Kunstwissenschaft, begr. von
F. B u r g e r , hrsg. von A. E. B r i n c k m a n n. Antike Kunst I (1913):
Ägypten und Vorderasien, von L. C u r t i u s ; II 1 (1938): Die klassi-
sche Kunst Griechenlands, von L. C u r t i u s ; II 2 (1939): Die helleni-
stische und römische Kunst, von W. Z s c h i e t z s c h m a n n ; Altchrist-
liche und Byzantinische Kunst (2 Bde., 1914), von O. W u l f f ; dass.,
Bibliographisch-kritischer Nachtrag (1935). — Handbuch der Kunst-
geschichte von A. S p r i n g e r , Bd. I: Das Altertum. 12. Aufl. nach
A. M i c h a e l i s bearb. von P. W o l t e r s (1923). — A. R u m p f ,
Griechische und Römische Kunst, 4. Aufl. 1932 (im Rahmen von
G e r c k e - N o r d e n , Einleitung in die Altertumswissenschaft). —
W. H. S c h u c h h a r d t , Die Kunst der Griechen (1940). W. T e c h n a u ,

Die Kunst der Römer (1940). G. R o d e n w a l d t , Die Kunst der
Antike (Propyläen-Kunst-Geschichte Bd. 3, 4. Aufl. 1944). K. S c h e -
f o l d , Orient, Hellas und Rom in der archäologischen Forschung seit
1939 (Bern 1949). K. S c h e f o l d , Die Griechen und ihre Nachbarn
(Propyläen-Kunstgeschichte Bd. 1, 1967). Th. K r a u s , Das Römische
Weltreich (Propyläen-Kunstgeschichte Bd. 2, 1967).

Bibliographien: M a u - v o n M e r c k l i n - M a t z , Katalog der Bibliothek des Deutschen Archäologischen Instituts in Rom. Bd. I, II. Suppl.
(1914, 1930, 1932). — Archäologische Bibliographie, Beilage zum Jahrbuch des Deutschen Archäologischen Instituts. — Fasti Archaeologici,
Bd. 1 ff. (Florenz 1946 ff.).
Auch nur die wichtigsten archäologischen Zeitschriften hier aufzuzählen,
hieße den zur Verfügung stehenden Rahmen sprengen. Einzelnes ist
in den folgenden Literaturverzeichnissen genannt, im übrigen sei auf
die Bibliographien verwiesen sowie auf G. B r u n s u. a., Zeitschriften-
verzeichnis (1964).

Einzelnes: Das Wort „Archäologie" als Name der Wissenschaft ist zwar
in Anlehnung an antiken Sprachgebrauch gewählt, in seiner heutigen
Anwendung jedoch erst modern und geht auf die 1685 erschienenen
„Miscellanea eruditae antiquitatis" des Arztes und Dilettanten J a q u e s
S p o n aus Lyon zurück. — Zu den Nachbardisziplinen vgl. jetzt vor
allem die im Erscheinen begriffene Reihe der Wissenschaftlichen Buchgesellschaft: Die Klassische Altertumswissenschaft. Eine moderne allgemeine und umfassende Darstellung (mit reicher Bibliographie jeweils
zu den einzelnen Gebieten) der gesamten Altertumswissenschaft findet
man in der 2. Auflage von Bd. I und II der Cambridge Ancient
History (bisher sind etwa 60 Faszikel erschienen). Dazu: H. S c h m ö -
k e l , Kulturgeschichte des Alten Orient (Kröners Taschenausgabe 298,
1961). — H. B e n g t s o n , Einführung in die Alte Geschichte (4. Aufl.
1962), mit zützlichen bibliographischen Hinweisen auch zu den Nachbarwissenschaften. — Zur ägäischen Bronzezeit (auch in ihrem Zusammenhang zur griechischen Kultur): F. M a t z , Kreta und frühes Griechenland (1962). G. M y l o n a s , Mycenae and the Mycenaean Age
(Princeton 1966). V. D e s b o r o u g h , The last Mycenaeans and their
Successors (Oxford 1964). — Vorgeschichte: H. J. E g g e r s , Einführung
in die Vorgeschichte (1959). E. W a h l e , Tradition und Auftrag prä-
historischer Forschung. Ausgewählte Abhandlungen als Festgabe zum
75. Geburtstag (1964).
Zum Verhältnis zur Kunstgeschichte vgl. das folgende Kapitel. Für die
Wissenschaftsdefinition in der englischen und amerikanischen Forschung
charakteristisch ist C. M. R o b e r t s o n , Between Archaeology and Art

History. An Inaugural Lecture (Oxford 1963). — Zum Ende der Spätantike u. a. die Diskussion von F r. M i l t n e r, Südostforschungen 14,
1955 (Festschrift für H. Steinacker zum 80. Geb.) 21 ff. und B e n g t s o n
a. O. S. 46. — Die grundlegende Arbeit über das Verhältnis des frühen
Griechenlands zum Orient ist immer noch F r. P o u l s e n, Der Orient
und die frühgriechische Kunst (1912). Von den jüngeren Arbeiten sind
vor allem zu nennen D. H a r d e n, The Phoenicians (London 1962).
B. F r e y e r - S c h a u e n b u r g, Elfenbeine aus dem samischen Heraion
(1966). H.-V. H e r r m a n n, Die Kessel der orientalisierenden Zeit I
(= Olympische Forschungen VI 1966). H. K y r i e l e i s, Zum orientalischen Kesselschmuck, Marburger Winckelmann-Programm 1966, 1 ff.
E. A k u r g a l, Orient und Okzident. Die Geburt der griechischen Kunst
(1966). Vgl. auch J. D. S. P e n d l e b u r y, Aegyptiaca (London 1930). —
Dem Studium der orientalischen Religionen im Römischen Weltreich
dient jetzt die Reihe Études préliminaires aux Réligions orientales
dans l'Empire Romain, hrsg. v. M. J. V e r m a s e r e n. Bd. 1 ff., Leiden
1962 ff.

Die auf die Kunst- und Künstlergeschichte bezüglichen Stellen der
antiken Literatur sind gesammelt worden von J. O v e r b e c k, Die
antiken Schriftquellen zur Geschichte der bildenden Künste bei den
Griechen (1868); trotz des Titels sind hier in geringer Auswahl auch
die auf römische Kunstwerke bezüglichen Quellen aufgeführt, im
Kapitel: „Nachblüthe der Kunst. Jüngere Periode bis zum Verfalle der
Kunst." In gewissem Sinne ergänzend für diese Zeit sind O. V e s s b e r g,
Studien zur Kunstgeschichte der römischen Republik (Lund 1941), wo
S. 5—114 die wichtigsten Schriftquellen aufgeführt und diskutiert sind,
sowie H. J u c k e r, Vom Verhältnis der Römer zur bildenden Kunst
der Griechen (1950). Nur in der englischen Übersetzung findet sich
eine Auswahl von Quellen in: J. J. P o l l i t t, The Art of Rome c. 753
B. C. — 337 A. D. Sources & Documents (1966).

Eine rasche Orientierung über die für den Archäologen wichtige numis-
matische Literatur gibt C. C. V e r m e u l e, A Bibliography of Applied
Numismatics in the Fields of Greek and Roman Archaeology and
the Fine Arts (London 1956). Unter den neueren Forschungen vgl.
W. H. G r o s s, Julia Augusta. Untersuchungen zur Grundlegung einer
Livia-Ikonographie (Abhandlungen der Akad. d. Wiss. Göttingen, 1962).
H. J u c k e r, Jahrb. d. Bernischen Historischen Museum 40, 1960,
266 ff., 289 ff.; 41/42, 1961/62, 289 ff., 331 ff.; 43/44, 1963/64, 261 ff. —
In die Epigraphik führen ein G. K l a f f e n b a c h, Griechische Epigraphik (1957). R. C a g n a t, Cours d'épigraphie latine (4. Aufl. Paris
1914, noch nicht ersetzt). Für den Archäologen besonders wichtig sind
die Spezialpublikationen, z. B. A. R a u b i t s c h e c k, Dedications from
the Athenian Acropolis (Cambridge Mass. 1949). J. M a r c a d é,

Recueil des Signatures de Sculpteurs Grecs I, II (Paris 1953, 1957).
E. L o e w y , Inschriften griechischer Bildhauer (1885). Für die Bau-
geschichte F. G. M a i e r , Griechische Mauerbauinschriften I, II (1959,
1961). Dem Verständnis griechischer Grabmalplastik dient W. P e e k ,
Griechische Grabgedichte (1960), mit einer weitgefaßten Einleitung.
Zur Einführung in die frühchristliche Archäologie vgl. das oben genannte Handbuch von O. W u l f f sowie zuletzt F. G e r k e , Spätantike
und frühes Christentum (1967) und das dort angegebene Schrifttum.
Den Zugang zur Forschung eröffnen: Reallexikon für Antike und
Christentum, Bd. I ff., 1950 ff. und Jahrbuch für Antike und Christentum 1 ff., 1958 ff. Ein Eindringen in die Bauforschung ist nur möglich
über die Spezialpublikationen (vgl. unten S. 59) zu einzelnen Bauten
oder Bautypen. Vorbildlich bleibt R. K o l d e w e y — O. P u c h s t e i n ,
Die griechischen Tempel in Unteritalien und Sizilien (1899). — J. D u r m ,
Handbuch der Architektur II 1. Die Baukunst der Griechen (3. Aufl.
1910); II 2. Die Baukunst der Etrusker. Die Baukunst der Römer
(2. Aufl. 1905) ist weitgehend veraltet, aber im deutschsprachigen Schrifttum nicht ersetzt. Vgl. jetzt W. B. D i n s m o o r , The Architecture
of Ancient Greece (London 1950). H. P l o m m e r , Ancient and Classical Architecture (2. Aufl. London 1961). L. C r e m a , L'architettura
Romana (Enciclopedia Classica III, XII 1, 1959), und hierzu H. R i e -
m a n n , Gnomon 38, 1966, 488 ff. — W. L. M a c d o n a l d , The Architecture of the Roman Empire I (New Haven—London 1965).
Zum Ausbildungsweg in der Archäologie, für den sich im übrigen
allgemeingültige Regeln nicht haben aufstellen lassen und der deshalb
ganz vom jeweiligen Lehrstuhlinhaber geprägt ist, vgl. Blätter zur
Berufskunde Bd. 3 — X J 03: Archäologie (5. Aufl. 1976), von
W. H. G r o s s . Für das Universitätsstudium nützlich ferner: Schriften
des Deutschen Archäologen-Verbandes III. Studienordnungen und Stu-
dienpläne im Fach Archäologie. Bundesrepublik Deutschland, Österreich
und deutschsprachige Schweiz (Köln 1977). *Korrekturnachtrag:* Auf eine
Neuerscheinung, die sich in der Zielsetzung mit der unseren eng berührt,
sei hier noch besonders hingewiesen: R. B i a n c h i B a n d i n e l l i ,
Klassische Archäologie. Eine kritische Einführung. 1978 (Beck'sche
Schwarze Reihe).

II. ZUR GESCHICHTE DER ARCHÄOLOGIE
ALS LEHRFACH AN DEN
DEUTSCHEN UNIVERSITÄTEN

Forschungen zur Geschichte der Archäologie sind seit jeher als legitime Aufgabe der Wissenschaft empfunden worden. Denn deren Ziele und Methoden werden in hohem Maße auch durch ihre Geschichte bestimmt. Eine auf das Erkennen von Geschichte ausgerichtete geisteswissenschaftliche Disziplin wie die Kunstgeschichte und die Archäologie muß sich außer am Gegenstand ihrer Forschung auch an den in der Vergangenheit erarbeiteten Erkenntnissen, Denkmodellen und Methoden der Interpretation orientieren. Diese sind, anders als etwa in den Naturwissenschaften, keineswegs immer meßbare, unveränderliche Werte, die als Versatzstücke in die eigene Arbeit eingebaut werden könnten. Sie sind vielmehr auch ihrerseits durch die jeweilige geistesgeschichtliche und wissenschaftsgeschichtliche Situation bedingt. Erst der kritische Nachvollzug des durch die vergangenen 400 Jahre nicht abgerissenen Gesprächs über Denkmäler, ihre Deutung und ihren Bezug vergegenwärtigt die Ergebnisse voraufgegangener Forschung und läßt sie wirksam werden. Daneben gibt es allerdings auf den Gebieten der Chronologie, der Denkmälerkunde und des Ausgrabungswesens auch Ergebnisse, die an allgemeiner Verbindlichkeit solchen aus dem Bereich der exakten Naturwissenschaften nicht nachstehen. Aber sowie das Bemühen über die Gewinnung solcher Fakten hinausgeht, ist es geschichtlicher Bedingtheit unterworfen.

Wir verfügen heute über eine ganze Anzahl guter und mehr oder weniger ausführlicher Darstellungen der Geschichte unserer Wissenschaft. Ja, bei fast allen Bemühungen um die Beschreibung der gesamten Archäologie ist ein Überblick über die historische Entwicklung als eine der ersten Aufgaben empfunden und oft auch vor allen anderen gelöst worden. Für die Entwicklung der wissenschaftlichen Behandlung der antiken Denkmäler, von den ersten Anfängen im mittelalterlichen Rom über die Antikenbegeisterung der Renaissance zur Gelehrsamkeit des 16., 17. und 18. Jahrhunderts, für die Geschichte der frühen Reisen und die Entstehung der ersten Museen kann auf die unten genannten Werke verwiesen werden. Im Rahmen dieser Einführung muß es genügen, in der gebotenen Kürze die wesentlichen Traditionen anzuführen, welche die heutige deutsche Archäologie geprägt haben.

An erster Stelle ist der Klassizismus des 18. Jahrhunderts zu nennen, dessen erste Phase in Deutschland durch Winckelmann und Lessing eingeleitet wurde. Für die Archäologie ist vor allem das literarische Werk des ersteren von entscheidender Bedeutung gewesen. Johann Joachim Winckelmann, als Sohn eines Schuhmachers am 9. 12. 1717 in Stendal geboren und am 8. 6. 1768 in Triest ermordet, konnte sich schon in seiner Jugend durch außerordentliche Energie eine große Kenntnis der antiken Schriftsteller erwerben. Nach anfänglichem Theologiestudium in Halle und einer längeren Zeit als Hauslehrer trat er 1748 als Bibliothekar in den Dienst des Grafen Bünau in Nöthnitz. In der nur eine Stunde entfernten und leicht erreichbaren Hauptstadt Dresden lernte er in der dortigen Gemäldegalerie die zeitgenössische Kunst und ihre Künstler kennen und, wie es scheint, verachten. 1755 ging er, nachdem er 1754 zum katholischen Glauben übergetreten war, nach Rom und wurde dort im Jahre 1763 als Antiquar der apostolischen Kammer Präsident der Altertümer in und um Rom und nahm damit die höchste Stelle ein, die zu jener Zeit ein an den Altertümern interessierter Mann erreichen konnte. Noch vor seiner Abreise veröffentlichte er 1755 die „Gedanken über die Nachahmung der griechischen Werke in der Malerei und Bildhauerkunst", eine Schrift, die in erster Linie, wenn nicht ausschließlich der Erneuerung der zeitgenössischen Kunst dienen sollte und die Kunst des griechischen Altertums zum absoluten Wertmaßstab erhob. Diese Schrift und das Jahr ihres Erscheinens sind zu recht als epochemachend in der deutschen Geistesgeschichte herausgestellt worden, sie bezeichnet den Beginn des deutschen Klassizismus. Seit dem Anfang des 19. Jahrhunderts verehrt die deutsche Archäologie Winckelmann als den Begründer ihrer Wissenschaft: die 1840 von Otto Jahn in Kiel geschaffene Tradition jährlicher Winckelmann-Feiern, die seither an fast allen bedeutenderen Zentren dieser Wissenschaft in kaum unterbrochener Folge jährlich an seinem Geburtstage abgehalten werden, sind ein lebendiges Zeichen für die Verbundenheit, die man mit dem „Heros Ktistes" empfand und empfindet, und für die Bedeutung, die dem Gefeierten zugemessen wurde.

Den ursprünglichen „Ansatz" Winkelmanns lassen zwei Zitate aus

der Erstlingsschrift deutlich werden. So schreibt er, nachdem er länger
über die Laokoon-Gruppe im Belvedere des Vatikan gehandelt hat,
„das wahre Gegenteil ist der gemeinste Geschmack der heutigen,
sonderlich angehenden Künstler". Wenige Absätze vorher finden sich
die Worte: „das allgemeine und vorzügliche Kennzeichen der griechischen Meisterstücke ist endlich eine edle Einfalt und eine stille Größe...
so zeiget der Ausdruck in den Figuren der Griechen bei allen Leiden-
schaften eine große und gesetzte Seele". Worte, die stets für das
Griechenbild Winckelmanns und der deutschen Klassik als charakteristisch angesehen worden sind und die gerade in der deutschen
„klassischen" Archäologie bis in unsere Tage wirken. Das Begriffspaar Einfalt und Größe findet sich nur leicht verändert im Haupt-
werk Winckelmanns wieder, in der „Geschichte der Kunst des Altertums", die schon 1761 abgeschlossen war und 1764 in erster Auflage
erschien. Dort heißt es: „durch die Einheit und Einfalt wird alle
Schönheit erhaben...: denn was in sich groß ist, wird, mit Einfalt
ausgeführt, erhaben". Und obwohl Winckelmann sich in der Geschichte
der Kunst schon durch die Wahl des Titels nun eindeutig auch die
Aufgabe gestellt hatte, die „Geschichte" der Kunst des Altertums
zu schreiben, wollte er diese doch unter jenem höheren, im Titel der
Erstlingsschrift programmatisch ausgesprochenen Zweck verstanden
wissen: „meine Absicht ist, einen Versuch eines Lehrgebäudes zu
liefern... Das Wesen der Kunst ist... der vornehmste Endzweck".
Auch in seiner Darstellung läßt er immer wieder den Bezug auf seine
Gegenwart deutlich werden, so etwa in den Worten „die Weisheit der
alten Künstler im Ausdrucke zeigt sich in mehrerem Lichte durch das
Gegenteil in den Werken des größten Teils der Künstler neuerer
Zeiten...". Schon aus diesen wenigen Zitaten wird deutlich, daß
die Grundbegriffe des Klassizismus, Einheit und Erhabenheit — die
erhabene Einfalt wird wenig später als Idealität verstanden —, und
die Rückwendung auf das griechische Altertum als das verpflichtende
Vorbild hier klar ausgesprochen worden sind. Fritz Blättner hat in
seiner eindringlichen Studie über „Das Griechenbild J. J. Winckelmanns" darauf hingewiesen, daß in der geistigen Begegnung Winckelmanns mit dem Griechentum dieses wiederum als eine Schöpfung
des Betrachters entstanden ist, eine Schöpfung, die die Wissenschaft
in ungeahntem Maße befruchtete, aber doch mehr sein sollte und
war als sie: „Leben bedeutendes Bild, also Religion". Denn Winckelmanns Leistung „gehört nämlich gar nicht in die Geschichte der Kunst,

sondern in die Geschichte der deutschen Literatur", er ist „der große Wegbereiter Goethes", der über Winckelmann gesagt hat: „als ein tüchtiger und unverkennbarer Poet tritt er auf, in seinen Beschreibungen der Statuen, ja beinahe durchaus in seinen späteren Werken ... Er muß Poet sein, er mag denken, er mag wollen oder nicht." Der ebenso geistreiche wie spöttische Egon Friedell schrieb: „auch er hat etwas erfunden: den Griechen".

Dies alles soll nicht heißen, daß die Archäologie nur zu Unrecht Winckelmann als ihren Begründer betrachte. Die äußerlichen Zeichen für den großen Einfluß und die Wirksamkeit Winckelmanns und seiner Lehre besonders in der deutschen Archäologie wurden schon angedeutet. Wichtiger ist die Frage, ob dies, abgesehen von dem entscheidenden Impuls des Klassizismus, auch vom methodischen, vom streng fachwissenschaftlichen Standpunkt, gerechtfertigt ist. Die am Denkmal orientierte Wissenschaft muß von der weiteren Frage ausgehen, vor welchen antiken Denkmälern denn Winckelmann seine Erkenntnisse gewonnen hat, auf die sich seine so bereitwillig aufgegriffene „Lehre" gründete. Als er die für ihn und alle seine späteren Werke im Ansatz entscheidende Abhandlung über die Nachahmung der griechischen Werke schrieb, besaß er zwar eine stupende Kenntnis der antiken Schriftsteller, von antiken Denkmälern aber kannte er aus den älteren und zeitgenössischen Kupferstichwerken in erster Linie römische Statuen. Unmittelbare Anschauung stand ihm wohl zur Verfügung für die römischen Gewandstatuen, die der Kurfürst von Sachsen und König von Polen aus den ersten Funden des wenige Jahrzehnte zuvor entdeckten Herculaneum erworben hatte, und schließlich für einen Gipsabguß der Laokoon-Gruppe der Vatikanischen Museen. In den Jahren in Rom konnte sich Winckelmann eine ganz außerordentliche Denkmälerkenntnis erwerben, und diese Kenntnis hat dann in seiner Geschichte der Kunst im Altertum ihren Niederschlag gefunden. Aber auch diese Kunstwerke stammten mit ganz wenigen Ausnahmen aus römischer Zeit, waren Zeugen des römischen „Klassizismus", waren teils Kopien nach griechischen Originalen, zum anderen Teil römische Eigenschöpfungen, die nur ganz allgemein dem Erbe der griechischen Klassik des 5. und 4. Jahrhunderts v. Chr. verpflichtet waren. Die wenigen kostbaren griechischen Originale, die auf römischem Boden gefunden oder über Venedig im 16. und 17. Jahrhundert dorthin gelangt waren, erkannte Winckelmann noch nicht in ihrer Bedeutung, sie waren ihm etruskische Werke. So konnte

Winckelmann die griechische Antike, die in seinem Werk zur „klassischen" wurde, nur in der Brechung des römischen Klassizismus erkennen. Die Statuen sah er dazu oft in einer Form, zu der sie im Geschmack der Zeit von tüchtigen Restauratoren ergänzt worden waren.

Gleichwohl, die Archäologie verdankt Winckelmann zwei wichtige Erkenntnisse, die seine Leistung noch heute herausheben. Das erste ist die Feststellung, daß eben die Antiken, die er in Rom kennenlernte, aus der griechischen Sage zu deuten seien, ein Axiom, das sich heute selbst da noch oft bewährt, wo wir in den Statuen nicht mehr wie Winckelmann Kopien nach griechischen Originalen, sondern eigenständige römische Werke sehen. Bedeutender ist die Tatsache, daß Winckelmann in die Betrachtung der antiken Kunst und der Kunst überhaupt den Begriff der Entwicklung eingeführt hat und als erster ein ganz bestimmtes Entwicklungsschema für die Abfolge der einzelnen Stilepochen schuf. In seiner Geschichte der Kunst sondert er den „alten Styl", den „hohen Styl", den „schönen Styl", den „Styl der Nachahmer" und endlich den „Verfall der Kunst". Was hiervon heute bleibt, ist die Einführung des Entwicklungsbegriffs überhaupt, der freilich im Laufe von zwei Jahrhunderten, besonders seit der Wende zum 20. Jahrhundert, mannigfache Wandlungen durchgemacht hat, ja heute ein ganz anderer geworden ist und nicht mehr jene klassizistisch-entelechistische Färbung besitzt. Wie wir heute mit Sicherheit sagen können, war das System selbst von den Denkmälern her gesehen falsch, auch dann noch, als Winckelmanns Kommentator Heinrich Meyer, der Freund Goethes, 1812 zwischen den alten und den hohen Stil den strengen Stil eingefügt hatte (zum Entwicklungsbegriff vgl. noch unten S. 86 ff.).

Die zweite Wurzel der Archäologie als Lehrdisziplin der Universität ist die klassische Philologie. Winckelmann hatte anregend gewirkt wie kaum ein anderer, aber er war nie akademischer Lehrer gewesen, hatte keine Schüler im engeren Sinne gehabt. Die Archäologen aber, die seit dem Beginn des 19. Jahrhunderts auf den nach und nach für die neue Wissenschaft an den Universitäten errichteten Lehrstühlen, in Museen und Instituten die Archäologie zu jenem großen Gebäude ausgebaut haben, das wir heute vor uns sehen, waren zunächst Schüler von Altphilologen. Sie waren in ihrem Gelehrtentum auch dann noch von der klassischen Philologie geformt, waren oft Philologen nicht minder als Archäologen, als es für die Archäologie eigene Lehrstühle gab. Christian Gottlob Heyne (1729–1812), seit 1763 Professor der Eloquenz in Göttingen, war einer der ersten, welche die antiken Denkmäler in ihren Vorlesungen ausführlich behandelten („Archäologie der Kunst des Altertums, insbesondere der Griechen und Römer", als Buch erschienen 1767). Zu seinen Schülern gehörten Johann Heinrich Voß, Friedrich August Wolf, die Brüder August Wilhelm und Friedrich Schlegel, die Archäologen Georg Zoëga und Karl August Böttiger sowie Wilhelm von Humboldt. Ausgehend von Zoëga (1759–1809) ließe sich, um ein Beispiel für viele zu geben, über Friedrich Gottlob Welcker (1784–1868), den Zoëga in Rom in die Archäologie eingeführt hatte, über Heinrich Brunn (1822–1894), Adolf Furtwängler (1853–1907) sowie Ludwig Curtius (1874–1954) und Ernst Buschor (1886–1961) eine ununterbrochene Tradition bis zu den akademischen Lehrern von heute belegen.

Damit kann freilich nicht gemeint sein, daß die Archäologie noch heute ausschließlich von der klassischen Philologie bestimmt sei. Namentlich seit den Jahrzehnten um die Jahrhundertwende hat der Einfluß neuerer Kunstgeschichte auf die Ausbildung kunstwissenschaftlicher Methoden befruchtend gewirkt (vgl. dazu unten S. 88 ff.). Entscheidend hat sich die Archäologie erst durch die nach Beginn der großen Ausgrabungen einsetzende gewaltige Vermehrung des Denkmälerbestandes verändert. An dieser Entwicklung waren vor allem die „Schulen" und „Institute" beteiligt, die als akademische Zentren für die Forschung und Fortbildung und dann auch zur Unterstützung der Ausgrabungstätigkeit von den großen europäischen Nationen und den Vereinigten Staaten von Amerika eingerichtet wurden, in Rom, später in den anderen Mittelmeerländern und schließlich im Nahen Osten. Die Stadt Rom war bereits vor Winckelmann Mittelpunkt der archäologischen Forschung gewesen, schon allein wegen der Fülle der Denkmäler, die sie beherbergte. Im Jahre 1829 war hier im Kreise von Gelehrten, Diplomaten und kunstverständigen Laien als eine internationale Einrichtung das Instituto di Corrispondenza Archeologica gegründet worden, auf Betreiben Eduard Gerhards (1795–1867), eines Schülers des Berliner Philologen und Epigraphikers August Boeckh (1785–1867, seit 1811 in Berlin). Der internationale Charakter ging bald verloren, nachdem das Institut 1859 dem preußischen Staat, und schließlich 1871 dem Deutschen Reich unterstellt wurde. Im Laufe seiner mehr als 130 Jahre währenden Geschichte ist dann dieses Deutsche Archäologische Institut, heute

eine Bundesanstalt mit einer Zentraldirektion in Berlin und Zweig-
anstalten in Rom, Athen, Frankfurt, Istanbul, Kairo, Madrid, Bagdad
und Teheran, zu einer der wichtigsten deutschen Forschungs- und
Ausbildungsstätten für die Archäologie geworden. Etwa die Hälfte
aller deutschen Archäologen ist heute dort tätig. Einen nicht un-
beträchtlichen Anteil an der Ausbildung der archäologischen Wissenschaft in Deutschland hat schließlich auch das vor allem im 19. Jahrhundert in vermehrtem Umfange erwachende Interesse gebildeter
Laien an den Antiken des klassischen Südens und auch an den Denkmälern der heimischen Vorzeit und der römischen Vergangenheit. Ihr
Zusammenschluß erfolgte vor allem nach dem Vorbild der schon im
18. Jahrhundert in England zu fruchtbarer Tätigkeit entfalteten Society of Antiquaries (gegr. 1751) und der bekannteren Society of
Dilettanti (gegr. 1733). Während die 1841 von Eduard Gerhard in
Berlin ins Leben gerufene Archäologische Gesellschaft schon durch
ihren Namen ihre Verbundenheit mit den Antiken Italiens und Griechenlands bekundete, stand für den im gleichen Jahre gegründeten
„Verein von Altertumsfreunden im Rheinlande" mehr die Hinterlassenschaft der Römer in Deutschland im Vordergrund. Erst sehr
allmählich hat die „Klassische Archäologie" erkannt, daß auch im
Bereich der römischen Reichsprovinzen ihre Aufgaben liegen. Die
Gründung der Römisch-Germanischen Kommission als Zweiganstalt
des Deutschen Archäologischen Instituts im Jahre 1902 bezeichnet hier
einen ersten Schritt innerhalb der neuen Entwicklung. Auf Betreiben
von Theodor Mommsen war schon zehn Jahre früher die Reichs-Limes-
Kommission eingesetzt worden, eine Einrichtung mit begrenzter Zielsetzung, welche die althistorische Wissenschaft mit der Lokalforschung
entlang des römischen Limes in Deutschland vereinigte.

Ein Einzelgänger, der zu großem Reichtum gelangte Kaufmann Heinrich Schliemann, hatte 1871 das Zeitalter der großen Ausgrabungen
im Mittelmeer eingeleitet, durch die freilich noch ganz unsystematische
Aufdeckung des Burghügels von Troja. Diese Grabung war noch
eindeutig auf die Gewinnung von Funden ausgerichtet, aber schon
die 1873 auf Samothrake und 1875 in Olympia begonnenen Ausgrabungen galten in erster Linie der Mehrung wissenschaftlicher Erkenntnis, wie es seitdem Ziel aller systematischen Grabungen ist. Hier
nun fand auch die Bauforschung ein reiches Betätigungsfeld, und die
Leistung der Ausgrabungstätigkeit der letzten 70—80 Jahre ist ohne
den Beitrag der Architekten und Bauforscher nicht denkbar. Die

Vorgeschichtsforschung, in der man schon früh gelernt hatte, die vergängliche Holz- und Erdarchitektur durch sorgfältigste Beachtung der geringsten Einzelheiten des Grabungs-Befundes, aus Bodenverfärbungen und organischen Resten zu erschließen, steuerte einen nicht minder wichtigen methodischen Beitrag für die Unternehmungen im Mittelmeerraum bei.

Aber erst allmählich begann die archäologische Wissenschaft zu realisieren, daß der Denkmälerbestand sich durch die Ausgrabungstätigkeit ganz entscheidend in seiner Zusammensetzung gewandelt hatte. Schon vor dem Beginn der großen Ausgrabungen hatten sich zwar die Denkmäler erheblich vermehrt und Entstehung und Herkunft waren andere als bisher: neben den römischen Statuen, vor denen Winckelmann seine Ideen konzipiert hatte, waren zum erstenmal auch griechische Originale des 5. Jahrhunderts v. Chr. in größerem Umfang der Wissenschaft bekannt geworden. So die 1812 vom Britischen Museum angekauften Friese von Phigalia-Bassae, die 1816 aus der Sammlung des Lord Elgin von demselben Museum erworbenen Parthenon-Skulpturen und die 1828 in die Münchener Glyptothek gelangten spätarchaischen Giebelfiguren des Aphaia-Tempels von Aegina. Werke des 6. Jahrhunderts v. Chr. folgten bald: 1822 und 1823 wurden die ersten der archaischen Metopenreliefs in Selinunt ausgegraben. 1853 kam mit dem 1848 bei Korinth gefundenen, damals noch „Apoll von Tenea" genannten hocharchaischen Kuros zum erstenmal ein bedeutenderes Werk der Jahre um 560 v. Chr. in die Münchener Glyptothek. Aber all dieses gehörte doch in den Bereich der hohen Kunst, entsprach derjenigen Vorstellung von Archäologie, die sich in dem Jahrhundert nach Winckelmann's „Geschichte der Kunst des Altertums" herausgebildet hatte. Auch die bemalten griechischen Vasen, die in den antiken Nekropolen zu Tage kamen, zuerst in Unteritalien, vor allem in Nola, dann in immer reichlicherem Maße in Etrurien, fügten sich in dieses Bild: sie dienten der Illustration der griechischen Mythologie und des griechischen Lebens; Gefäße ohne figürliche Darstellung oder weniger interessante Stücke blieben unbeachtet. Ebenso erging es den Funden aus den Vesuv-Städten, soweit es sich um Gegenstände des täglichen Gebrauchs und schlichte Erzeugnisse des Handwerks handelte.

Die ersten großen Grabungen der 70er Jahre änderten zunächst nichts an der grundsätzlichen Einstellung, die neue Breite des Spektrums antiker Kultur wurde ignoriert. Und noch bis in unsere Zeit hinein wurde auf manchen Grabungen alles unverzierte Geschirr wieder fortgeworfen, ohne vorher registriert zu werden. Unvoreingenommene Forscher jedoch mußten sich eingestehen, daß neben die Statuen, neben Architektur und Malerei, Zeugnisse hoher griechischer und römischer Kunstübung, nun in nicht vorhergeahntem Umfange prosaische Erzeugnisse des Handwerks und Einrichtungen des einfachen täglichen Lebens getreten waren: unverziertes Küchengeschirr, Nägel und Bretter, Stallgebäude und Entwässerungsrinnen und vieles andere mehr, Dinge also, an deren „Klassizität" mit Recht zu zweifeln war. Daneben wurde gerade durch die Grabungen auch die innige Verflechtung mit den Nachbarwissenschaften deutlich, wenn an den einzelnen Plätzen eine Fülle verschiedener Kulturkreise im Nach- und Nebeneinander der Fundstücke sich manifestierte. Schließlich war auch die allgemeine geistesgeschichtliche Situation eine andere geworden.

Der Wandel, den diese Entwicklung auslöste, läßt sich gut an den Definitionen der Wissenschaft ablesen, die zu verschiedenen Zeitpunkten vom gewandelten Selbstverständnis der Wissenschaft Zeugnis ablegen. Für Eduard Gerhard war 1833 die Archäologie „die auf monumentales Wissen begründete Hälfte allgemeiner Wissenschaft des klassischen Altertums" (Grundzüge der Archäologie, in: Hyperboreisch-römische Studien, 1833, I 1 ff.). Eine Generation später unter dem Einfluß beginnender Kunstwissenschaft definierte Alexander Conze: „Wo der Querschnitt der klassischen Philologie und der Längendurchschnitt der Kunstwissenschaft sich kreuzen, da und genau da liegt das Gebiet der klassischen Archäologie." (Über die Bedeutung der classischen Archaeologie. Antrittsvorlesung. Wien 1869.) 1880 konnte von K. B. Stark in der Nachfolge von O. Jahn die Archäologie als „die wissenschaftliche Beschäftigung mit der bildenden Kunst des Altertums" bezeichnet werden, deutlicher noch formulierte A. Furtwängler: „Archäologie ist nichts anderes als antike Kunstgeschichte und somit ein Teil der gesamten Kunsthistorie" (Deutsche Rundschau, 1908).

Aber wenig später verstand H. Bulle in seiner Einleitung zum 1913 erschienenen ersten Heft des neuen Handbuchs der Archäologie diese zu Recht „nicht nur als Kunstgeschichte, sondern als Denkmälerkunde im weitesten Sinne". Doch blieb für viele „ihre höchste Aufgabe ... die Erforschung der bildenden Kunst der Griechen und Römer, die sich deutlich abhebt von der Kunst derjenigen Völker, die von den Alten als Barbaren gekennzeichnet wurden" (A. Rumpf, Archäologie I, 1953, S. 4), stand „die bildende Kunst ... als kostbarstes Vermächtnis

der vergangenen Menschen im Mittelpunkt der Betrachtung", auch
wenn die „sichtbare Hinterlassenschaft des vergangenen Menschen"
als Forschungsgegenstand der Wissenschaft einen weiten Rahmen ließ
(E. Buschor, Handbuch der Archäologie I, 1939, S. 3). Unter dem Einfluß von weltanschaulichen Strömungen der Jahrhundertwende und
dann, nach dem ersten Weltkrieg, von Neuromantik und Neuhumanis-
mus, begann sich hier und da wieder eine neue Verklärung der
griechischen Klassik abzuzeichnen.

Das immer wieder diskutierte Beiwort „klassisch" hatte zuerst
F. Schlegel in einer 1797 erschienenen Schrift mit dem Begriff „Altertum" verbunden und damit den Gebrauch von „Antike" und „Die
Antiken" abgelöst, unter welchem Namen man im frühen Klassizismus
dieselben, als vorbildlich empfundenen Inhalte verstand wie nun unter
„klassisches Altertum". Das Vorbildliche in der antiken Kunst und
Literatur wurde durch das ganze 19. Jahrhundert vornehmlich mit
dieser Wortverbindung ausgezeichnet und damit zugleich ausdrücklich
auf die Kultur der Griechen und Römer beschränkt. Die der klassischen
Philologie und der alten Geschichte beigesellte Disziplin der Archäologie erhielt erst später die gleiche Bedeutung und wurde zur klassischen Archäologie; zu ihrer Charakterisierung genügte zunächst die
Einordnung in den „Rahmen der klassischen Altertumswissenschaft".
Nicht ohne Grund hat dann H. Bulle aus dem Titel des von ihm
herausgegebenen Handbuches das Wort „klassisch" wieder herausgelöst. „Die Abgeschlossenheit der ‚klassischen' Archäologie", so schrieb
er, „ist im Schwinden begriffen." Noch deutlicher hatte schon 1883
der englische Archäologe A. Evans in einem Brief an E. Freeman ge-
äußert: „einen Lehrstuhl für Archäologie auf die klassischen Zeiten zu
beschränken, scheint mir so sinnvoll zu sein, wie die Schaffung eines
Lehrstuhls für ‚Insulare Geographie' oder ‚Mesozoische Geologie'"
(Joan Evans, Time and Chance: The story of A. Evans and his Fore-
bears, London 1934, 261 f.). Inzwischen trat an die Stelle von „Klassisches Altertum" innerhalb der Wissenschaft und der gebildeten Welt
mehr und mehr der Begriff „Antike", der jetzt, in der neuerlichen Verwendung, den Anspruch von Idealität und Vorbildlichkeit nicht mehr
besaß und anders als sein frühklassizistischer Vorgänger einfach eine
geschichtliche Epoche neben anderen bezeichnete. Indessen blieb für
viele der normative Wert des Altertums erhalten und folgerichtig das
Wort „klassisch" unentbehrlich, mußte die anspruchslosere „Antike"
zur „klassischen Antike" werden.

K. B. S t a r k, Handbuch der Archäologie der Kunst I: Systematik und Geschichte der Archäologie der Kunst (1880). — Handbuch der klass. Altertumswissenschaft Band VI: Handbuch der Archäologie, hrg. von H. Bulle, Bd. I (1913), S. 80—141, Geschichte der Archäologie von B. Sauer. Dass. hrg. von W. Otto, Band I (1939), S. 11—66, Geschichte der Archäologie von F. Koepp. — A. R u m p f, Archäologie I. Einleitung. Historischer Überblick. Slg. Göschen 538 (1953). — M. W e g - n e r, Altertumskunde (Orbis Academicus I 2, 1951), bietet eine kommentierte Auswahl von Lesestücken. — Einzelne Gebiete greifen heraus A. M i c h a e l i s, Ein Jahrhundert kunstarchäologischer Entdeckungen (1908). — G. R o d e n w a l d t, Archäologisches Institut des Deutschen Reiches 1829—1929 (1929). — Zu Winckelmann: grundlegend die großangelegte dreibändige Monographie von C. J u s t i, Winckelmann und sein Jahrhundert (3. Aufl. 1923). — W. R e h m, J. J. Winckelmann, Briefe, Bd. I—IV (1952—57). — F. B l ä t t n e r, Das Griechenbild J. J. Winckelmanns, in: Antike und Abendland 1, 1944, 121 ff. — Ein brillanter Essay, geprägt vom Widerwillen des Südländers gegen nordische Übersteigerung, ist die Studie von G. B a g n a n i, Winckelmann and the second Renascence, in: American Journal of Archaeology 59, 1955, 107 ff. — Vgl. auch R. B i a n c h i - B a n d i n e l l i, Klio 38, 1960, 273, der das wenig beachtete Wort Fr. v. Schlegels vom „aesthetischen Mystizismus" Winckelmanns zitiert. — Für die Vorläufer zum Begriff „Edle Einfalt und stille Größe", die selbst der Formulierung schon erstaunlich nahekommen, vgl. J. S c h l o s s e r, Die Kunstliteratur 1924, S. 603. W. W e i s b a c h, Stilbegriffe und Stilphänomene (1957), S. 89 ff., bes. 111 ff., und W. M ü r i s Aufsatz: Die Antike. Untersuchung über Ursprung und Entwicklung der Bezeichnung einer geschichtlichen Epoche, in: Antike und Abendland 7, 1958, S. 7 ff., bes. 9 f. — Für neuere biographische und wissenschaftsgeschichtliche Literatur vgl. die zu Kap. I genannten Bibliographien, herausgehoben seien W.-H. S c h u c h - h a r d t, Adolf Furtwängler. Freiburger Universitätsreden N. F. Heft 22 (1956). G. K a s c h n i t z - W e i n b e r g, Ludwig Curtius (1958). E. W. Bodnar, S. J., Cyriacus of Ancona and Athens (1960). Dazu: R. S t r o u d u. C. V e r m e u l e, in: Speculum 37, 1962, 257—265. — Die weltanschauliche Bedingtheit archäologischer Forschung hat zuletzt deutlich gemacht K. S c h e f o l d, Klassisches Griechenland (1965, vgl. die Einleitung und die Nachweise S. 230 f. Zu Stefan George ist außer der angegebenen Literatur zu nennen H. M a r w i t z, Stefan George und die Antike, in: Würzburger Jahrb. für die Altertumswissenschaft 1, 1946, 226—257). Vgl. auch das zu Kap. 1 genannte Werk von K. Schefold. — Zum Problem des „Klassischen" K. R e i n h a r d t, Die klassische Philologie und das Klassische, in: Von Werken und Formen (1948), S. 419—457. (Hier auch Literatur zum „dritten Humanismus" und das treffende Zitat H. Plessners: „Unser Verhältnis zur Antike nähert sich genau in dem Maße, in welchem es nüchtern bleibt und jede religiöse Übersteigerung von sich abhält, dem klassischen Geist.") — E. Lang - lotz, Klassische Antike in heutiger Sicht. Vortrag im Freien Deutschen Hochstift (1956). U. Hölscher, Die Chance des Unbehagens. Zur Situation der klassischen Studien. Kleine Vandenhoeck-Reihe 222/222a (1965). — Über die Rolle der antiken Kunst in der Geschichte der neueren Kunst hat H. Ladendorf, Antikenstudium und Antikenkopie. Vor- arbeiten zu einer Darstellung ihrer Bedeutung in der mittelalterlichen und neueren Zeit (2. Aufl. 1958), eine umfassende Übersicht gegeben. Seitdem vor allem: P. P. Bober, Drawings after the Antique by Amico Aspertini, Studies of the Warburg Institute 21, London 1957. C. C. Vermeule, Aspects of Scientific Archaeology in the seventeenth Century, in: Proceedings of the Am. Philosophical Society 102, 1958, 193—214. Ders., The Dal Pozzo-Albani Drawings of Classical Anti- quities in the Royal Library at Windsor Castle. Transactions of the Am. Philosophical Society 56, 1966 (Philadelphia 1966). — E. Mandowsky u. Ch. Mitchell, Pirro Ligorio's Roman Antiquities, Studies of the Warburg Institute 28 (London 1963).

Nachtrag: Zu Winckelmann vgl. weiter N. Himmelmann, Winckel- mann's Hermeneutik. Akademie der Wiss. u. d. Lit. in Mainz, Abhdlg. der geistes- und sozialwiss. Kl. 1971 Nr. 12 (1971).

III. DIE DENKMÄLER
UND IHRE ÜBERLIEFERUNG

Gegenstand der archäologischen Forschung ist derjenige Teil des antiken Erbes, der materielle Substanz aufweist und von Menschenhand geformt oder geordnet ist und dessen Sinngebung sich in Form oder Ordnung erfüllt (Vgl. oben S. 8). Die mit dieser Definition gemeinte Vielzahl von einzelnen Werken wird mit dem Begriff „Denkmäler" bezeichnet, ein einzelnes Werk als „Denkmal". Im wissenschaftlichen Sprachgebrauch sind mit diesem Begriff also keineswegs nur solche Werke gemeint, die zur ehrenden Erinnerung an bestimmte Personen oder Ereignisse geschaffen wurden, obschon im Denkmälerbestand durchaus auch Ehrenmonumente erhalten sind. Aber der Begriff Denkmal wird in einem erweiterten Sinne doch zu Recht angewandt, denn jedes Werk einer vergangenen Zeit ist Zeuge, „Denkmal" für die in ihr herrschenden kulturellen, sozialen und politischen Verhältnisse. Er hat sich auch deswegen als besonders brauchbar erwiesen, weil er die Fragen nach dem Kunstwert, nach dem kunsthistorischen Rang oder nach der inhaltlichen Aussagekraft eines Werkes noch nicht berührt.

Zur näheren Bezeichnung der einzelnen Denkmäler und Denkmälergruppen hat sich die Archäologie eine eigene Terminologie geschaffen. Nur selten geht sie auf antike Bezeichnungen zurück, häufiger sind Namen, die aus dem Jargon der Kunsthändler und Kunstbeflissenen der Neuzeit stammen oder die sich durch Konvention innerhalb der Wissenschaft selbst eingebürgert haben. Diese Übung hat ihre innere Berechtigung, denn nur in wenigen Fällen ist es gelungen, den aus der Literatur überlieferten antiken Fachausdrücken die zugehörige Denkmälergattung zur Seite zu stellen, und nicht viel häufiger läßt sich der antike Name eines einzelnen Werkes ermitteln. Auch ist zu berücksichtigen, daß antike Namen sich auf bestimmte Gegenstände oft nur dann beziehen, wenn sie in bestimmter Weise verwendet werden. Weiter macht es einen Unterschied, ob ein solcher Ausdruck in einer Bauinschrift oder einer auf Stein aufgezeichneten Abrechnungsurkunde auftaucht, ob die antike Fachliteratur ihn erwähnt oder ob er im Text eines Dramas oder einer rhetorischen Schrift erscheint.

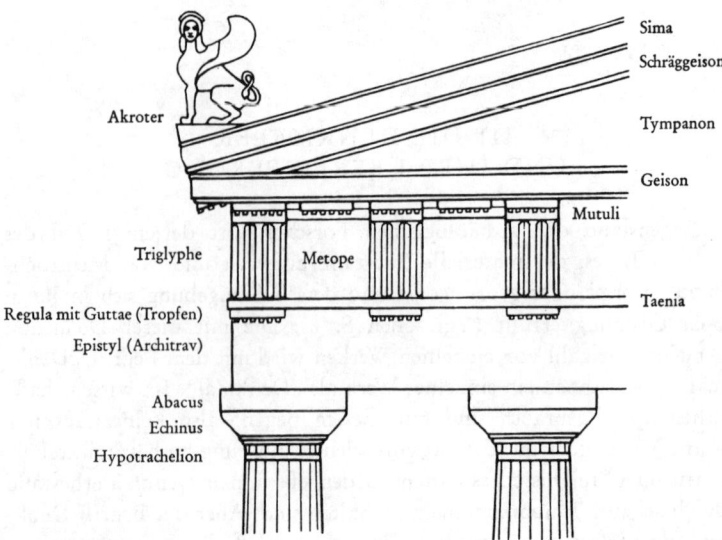

Abb. 1 Dorisches Gebälk (nach: Vitruv, Zehn Bücher über Architektur, übers. von C. Fensterbusch, Abb. 8, 2).

In der Wissenschaft sind unverwechselbare und zugleich möglichst allgemein anerkannte und verständliche Bezeichnungen nötig. Es wäre überflüssiger Purismus, wollte man ein römisches Kapitell capitulum, ein griechisches κιόκρανον oder κιονόκρανον nennen, obwohl dies die überlieferten antiken Fachausdrücke sind und obwohl sie keine Verwechslung zulassen. Das gleiche gilt für eine Reihe anderer antiker Termini, die zugunsten moderner und ebenfalls eindeutiger Fachausdrücke aus der Architekten- und Künstlersprache nicht verwendet werden. Wenn allerdings aus unserer Gegenwart ein vergleichbarer Gegenstand oder Vorgang nicht so geläufig ist, wird der antike Name verwandt, vorausgesetzt, daß er für den zu benennenden Gegenstand gesichert ist. So heißen die beiden Glieder des dorischen Kapitells Abakus und Echinus, die der ionischen Säulenbasis Torus und Spira, Wörter, die von Vitruv überliefert sind. Geräte, die zur Aufbewahrung von Weihwasser dienen, große Becken mit einem gelegentlich figürlich gearbeiteten Fuß, heißen mit dem durch griechische Urkunden belegten Wort Perirrhanterion, Räucherschalen mit einem hohen Fuß Thymiaterion. Neben der Konvention oder dem Mangel an einem passenden modernen Wort kann auch einmal die wissenschaftliche Problematik den Ausschlag geben: so ist es besser, einen römischen Markt Forum, einen griechischen Agora zu nennen, denn die Funktionen eines antiken Marktplatzes sind, wie noch die der mittelalterlichen Märkte, umfassender als bei den öffentlichen Plätzen unserer Großstädte, die nur selten noch für Versammlungen und Kundgebungen benötigt werden und einen großen Teil ihres Aufgabenbereichs an die modernen Kommunikationsmittel abgegeben haben. Gelegentlich sind griechische Fachausdrücke nachgebildet worden, in Analogie zu verwandten authentischen Bezeichnungen. So steht in der Tempelarchitektur dem antiken „Stylobat", der Quaderschicht, auf der die Säulen stehen, ein „Toichobat" zur Seite, die Quaderschicht nämlich, auf der eine Mauer steht. Für den Zuschauerraum des griechischen Theaters, dessen rö-

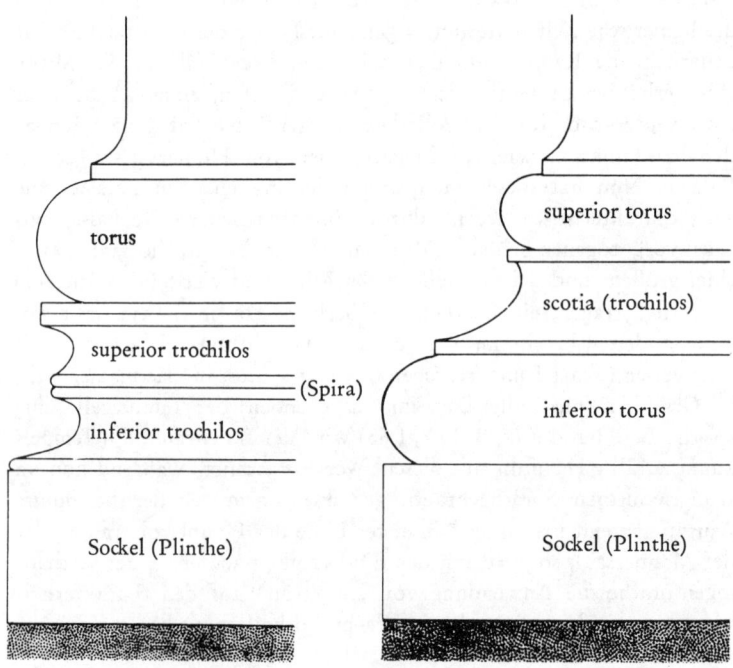

Abb. 2 Links: Ionische Säulenbasis. Rechts: Attische Säulenbasis (nach: Vitruv, Zehn Bücher über Architektur, übers. von C. Fensterbusch, Abb. 7).

mische Entsprechung von Vitruv cavea genannt wird, hat sich die analoge Neubildung χοιλόν eingebürgert.

In manchen Fällen ist es notwendig, die Bedeutung eines antiken Wortes für den wissenschaftlichen Sprachgebrauch einzuengen. Das „Megaron" ist hierfür ein anschauliches Beispiel. Der reinen Wortbedeutung nach heißt Megaron nichts anderes als „großer Raum"; es entspricht dem μεγαλοσπίτι, dem großen Hauptwohnraum der noch heute hier und da anzutreffenden Häuser althergebrachter griechischer Bauweise, und ist seiner Entwicklung nach ein Männerhaus. Bei Homer, dem frühesten literarischen Zeugen, ist das Megaron zunächst die Thronhalle des Fürsten, in dem die Gastfreunde empfangen werden und die Gefolgschaft sich versammelt. Daneben können allerdings auch die Frauengemächer oder die Bettenkammer Megaron heißen. Es ist nun keineswegs Willkür, wenn der Hauptsaal eines mykenischen Palastes wie in Tiryns oder Pylos Megaron genannt wird, denn auch die homerische Zeit hätte ihn so genannt. Dieser die Palastarchitektur beherrschende Raum, mit einer mächtigen Feuerstelle in der Mitte, einer erhöhten Stufe für den Thron des Fürsten, einem Altar oder einer Opfergrube für den Vollzug religiöser Riten hat ganz offenbar dieselbe Funktion wie das Megaron der von Homer geschilderten Paläste. Nun hat dieser Hauptraum der mykenischen Paläste eine ganz charakteristische Form: durch Säulen gegliederte Vorhalle zwischen vorgezogenen Seitenwänden, dahinter der eigentliche Saalbau mit einer großen runden Feuerstelle in der Mitte und vier Säulen, die eine „Laterne" tragen, ein überhöhtes Oberlicht. Dieser Bautyp läßt sich unter anderem bereits im 3. vorchristlichen Jahrtausend in Kleinasien nachweisen (Troja I und II), ebenso wie er später, in griechischer Zeit, im Grundriß (nicht allerdings im Aufgehenden) der Tempelcella entspricht. Bei Herodot (z. B. I 47, I 65) wird der Innenraum des Tempels kaum zufällig ebenfalls mit diesem Wort bezeichnet. Während nun im frühgriechischen Sprachgebrauch gewiß nicht immer der bestimmte Bautyp gemeint ist, sondern in erster Linie der Hauptwohnraum oder der Männersaal, so wird um der Eindeutigkeit willen in der Archäologensprache die Anwendung von „megaron" auf den charakteristischen Grundrißtypus: Saal mit offener Vorhalle zwischen vorgezogenen Seitenwänden, beschränkt.

Nur kurz kann hier auf die Bezeichnungen einzelner Denkmäler hingewiesen werden, die aus der Geschichte der Denkmäler oder aus der Wissenschaftsgeschichte genommen sind. Gerade im Bereich der

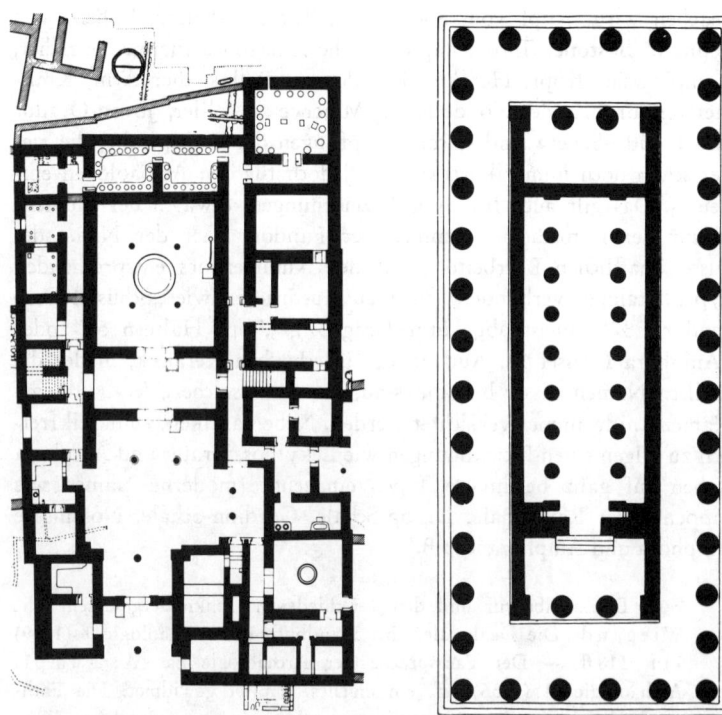

Abb. 3 Links: Pylos, Messenien, Grundriß des Hauptpalastes mit Megaron (nach C. W. Blegen — M. Rawson, The Palace of Nestor at Pylos in Messenia I, Princeton 1966, Abb. 417). Rechts: Paestum, Heratempel II, sog. Poseidontempel, Grundriß (nach: H. Kähler, Der griechische Tempel, 1964, Tafel 3)

antiken Plastik ist nur von wenigen Skulpturen der antike Name bekannt oder wiedererkannt worden. Diesen wenigen Statuen steht eine unendliche Fülle namenloser Werke gegenüber. Die Fachsprache hilft sich hier, indem sie der sachlichen Bezeichnung den Fundort, den Namen des ersten wissenschaftlichen Bearbeiters, des jetzigen oder eines ehemaligen Besitzers, ein kennzeichnendes Merkmal des Werkes selbst oder sogar eine falsche, aber einprägsame Benennung zufügt. Das ist gerade für den Anfänger oft irreführend, wenn nicht gleichzeitig eine so neutrale Identifizierung des Stückes wie durch die Nennung des Aufbewahrungsortes, meist eines Museums, und der Inventarnummer gegeben wird. Kopf vom Südabhang, Theseion-Kuros, Ephebe von Selinunt, Bostoner Thron, kapitolinische Amazone, Thermenherrscher, Rampin'scher Kopf, Herakles Lansdowne, Pollak'scher Arm, Krahmer'sche Bronze, der blonde Kopf, Minerva au collier, Joven Orador und Pseudo-Seneca sind solche Schöpfungen der Fachsprache, die weder schön noch immer korrekt sind, jedoch für den Archäologen eindeutig. Das gilt auch für Typenbezeichnungen, etwa in der Nomenklatur der römischen Keramik: Der Fundort oder der Name des wissenschaftlichen Bearbeiters, mit der Nummer des entsprechenden Typenkataloges verbunden, führt zu Ausdrücken wie „Schüssel Dragendorff 37" (meist abgekürzt Drag. 37), „Topf Haltern 58" oder „Amphora Dressel 1". Auch in der griechischen Keramik, in der die antiken Namen besser bekannt sind, kann auf solche „Verabredungs-Namen" nicht immer verzichtet werden. Neben antiken, zum Teil freilich zu allgemeinen Bezeichnungen wie Lekythos, Krater und Amphora stehen auf ganz bestimmte Typen eingeengte moderne Namen wie Lippen- oder Randschale, Droop-Schale, Gordion-Schale, Nolanische Amphora und Amphora Typ B.

Zum Denkmalbegriff und den verschiedenen Denkmälergesetzen Th. W i e g a n d , Die Denkmäler, in: Handbuch der Archäologie I (1939) 71 f. 118 ff. — Der Fachsprache der Archäologie hat A. R u m p f , Archäologie II (1956) 5 ff. ein eigenes Kapitel gewidmet. Die Fachausdrücke des antiken Bauhandwerks pflegen in fast jeder Darstellung antiker Architektur erläutert zu werden, sind jedoch monographisch behandelt nur von F. E b e r t , Fachausdrücke des griechischen Bauhandwerks I. Der Tempel (1911). Wichtige Einzelheiten finden sich in den Bauurkunden von Didyma, vgl. A. R e h m , Didyma II. Die Inschriften (1958). Die „Zehn Bücher über Architektur" des Vitruv vgl. jetzt in der zweisprachigen Ausgabe von C. F e n s t e r b u s c h (1964). — Perirrhanterion: J. D u c a t in: Bulletin de Correspondance Hellénique 88, 1964, 577 ff. — Thymiaterion: K. W i g a n d in: Bonner Jahrb. 122, 1912, 40 ff. H. G. N i e m e y e r — H. S c h u b a r t , Madrider Mitt. 6, 1965, 74 ff. — Agora und Forum: R. M a r t i n , Recherches sur l'agora grecque (Paris 1951). The Athenian Agora. A Guide to the Excavation (2. Aufl. Athen 1962). A. G r e n i e r , Manuel d'archéologie Gallo-Romaine III (Paris 1958) 283 ff.

Zum Megaron (vgl. Abb. 3, Pylos): R. N a u m a n n , Architektur Kleinasiens (1955), s. den Index. F. M a t z in: Enciclopedia dell'arte antica classica ed orientale IV (1961) 974 ff. s. v. Megaron. Dazu: V. M i l o i č i ć , Archäol. Anzeiger 1955, 167. F. S c h a c h e r m e y e r ,

Archäol. Anzeiger 1962, 179 ff. Abb. 2. — Kopf vom Südabhang: Athen, Nationalmuseum Nr. 182. F. Studniczka, Jahrb. des Deutschen Archäol. Inst. 34, 1919, 107 ff. C. Laviosa, Annuario della Scuola Archeologica di Atene 37/38, 1959/60, 347 ff. — Theseion-Kuros: E. Homann-Wedeking, Mitt. des Deutschen Archäol. Inst. Athen. Abt. 63/64, 1938/39, 156 ff. Taf. 49 ff. G. M. A. Richter, Kouroi (2. Aufl. London 1960) Nr. 31. — Ephebe von Selinunt: bis 1962 im Museum von Castelvetrano. E. Langlotz — M. Hirmer, Die Kunst der Westgriechen (1963) 74 f. Taf. 81. — Bostoner Thron: s. unten S. 51. — Kapitolinische Amazone: W. Helbig, Führer durch die öffentlichen Sammlungen klassischer Altertümer in Rom II (4. Aufl. 1966) Nr. 1393. — Thermenherrscher: Rom, Museo Nazionale delle Terme Inv. 1049. Ph. W. Lehmann, American Journal of Archaeology 49, 1945, 330 ff. G. M. A. Richter, The Portraits of the Greeks (London 1965) 271: "Demetrios I. Soter" (von Syrien, reg. 162 bis 150 v. Chr.). — Rampin'scher Kopf: Paris, Musée du Louvre, Marbres antiques Nr. 3104, vgl. unten S. 60 f. — Herakles Lansdowne (jetzt in der Sammlung J. P. Getty): S. Howard, The Lansdowne Heracles (o. Ort 1966). — Pollak'scher Arm: L. Pollak, Mitt. des Deutschen Archäol. Inst. Röm. Abt. 20, 1905, 277 ff. Taf. 8. H. Sichtermann, Gymnasium 70, 1963, 195 f. (zum Laokoon). — Krahmer'sche Bronze: London, British Museum Bronzes Nr. 1195. G. Krahmer, Eine Jünglingsfigur mittelhellenistischer Zeit. Mitt. des Deutschen Archäol. Inst. Röm. Abt. 46, 1931, 130 ff. — Blonder Kopf: Athen, Akropolis-Museum Nr. 689. Die Archaischen Marmorbildwerke der Akropolis, hrsg. v. H. Schrader (1939) Nr. 302. — Minerve au collier: Paris, Musée du Louvre, Marbres antiques Nr. 91. Vgl. unten S. 42 f. 45 zur Athena Parthenos. — Joven Orador: Madrid, Museo del Prado. A. Blanco, Catalogo de las Esculturas (Madrid 1957) 40 f. Nr. 39-E (Hermes). — Pseudo-Seneca (Hesiod?): G. M. A. Richter, The Portraits of the Greeks (London 1965) I 58 ff. — Römische Keramik: E. Gose, Gefäßtypen der römischen Keramik im Rheinland. Beiheft 1 der Bonner Jahrb. (1950). H. S. Robinson, The Athenian Agora V. Pottery of the Roman Period. Chronology (Princeton 1959, mit Literatur). M. H. Callender, Roman Amphorae (London 1965). — Griechische Gefäßnamen: G. M. A. Richter — M. Milne, Shapes and Names of Athenian Vases (New York 1935). Eine Fülle antiker Gefäßnamen, von denen keineswegs alle mit erhaltenen Gefäßtypen identifiziert werden können, haben sich in den inschriftlich aufgezeichneten Listen erhalten, die von der Auktion der von den „Hermenfrevlern" nach dem Prozeß von 415/14 konfiszierten und anschließend versteigerten Besitztümer angefertigt wurden: W. K. Pritchett, Hesperia 22, 1953, 225 ff. und ebenda 25, 1956, 178 ff. D. A. Amyx, Hesperia 27, 1958,

163 ff. — Schalen: H. J. B l o e s c h, Die Formen der attischen Schalen (1940). Vgl. allgemein die Literatur bei J. D. B e a z l e y, Attic Black-Figure Vase-Painters (Oxford 1956).

Ordnung und Gliederung des vielfältigen antiken Denkmäler-bestandes sind wie alle Methoden von der wissenschaftlichen Frage-stellung abhängig und setzen damit in den meisten Fällen die Ergeb-nisse der methodischen Untersuchung voraus. Nur scheinbar von jeder Problematik unabhängig ist die Einordnung der Denkmäler nach den verwendeten Materialien wie Stein, Bronze, Eisen, Gold und Silber, gebrannter Ton, Holz, Elfenbein. Sie wird oft für das Fundinventar auf Grabungen, ebenso für die Inventarisierung von Museumsbestän-den angewandt und hat den Vorteil, daß sich in der Regel für fast jedes Denkmal das verwendete Material rasch und wenigstens grob bestimmen läßt. Sobald die einzelnen Materialien umfangreicher ver-treten sind, ist es notwendig, daneben nach der Verwendung zu scheiden, also etwa bei den Denkmälern aus Stein nach Architektur-resten, Rundplastik, Relief und Gerät. Auch die verschiedenen Stein-sorten bilden ein sinnvolles Prinzip der Untergliederung, das oft schon eine wissenschaftliche Aussage in sich birgt: so wissen wir etwa, daß im Rom der frühen Kaiserzeit der Marmor als Baumaterial und auch als Material für Skulpturen die örtlichen Kalksteine wie Peperin und Travertin verdrängt, daß die Verwendung des in Ägypten ge-wonnenen Porphyrs im Laufe des Kaiserzeit mehr und mehr zu einem Vorrecht des Kaisers wird. Bei den Tonwaren, vor allem der Keramik, gibt die genauere Bezeichnung der Tonqualität, der eingeschlossenen Magerungspartikel und der Oberflächentextur wichtige Hinweise für die Herkunft der einzelnen Stücke und damit auf die Handels-beziehungen einer Siedlung oder die überregionale Bedeutung eines Heiligtums. Auf der anderen Seite werden durch die Verallgemeine-rung dieses Ordnungsprinzips andere Ordnungssysteme zerstört. An einem antiken Tempel können Kalkstein, Marmor, Bronze und Ver-kleidungsplatten aus gebranntem Ton in engem baulichen Zusammen-hang auftreten, Gefäße aus Bronze und aus Ton stehen oft, allerdings nicht immer, in enger typologischer Abhängigkeit voneinander, die kunstgeschichtliche Untersuchung etwa zur Plastik einer bestimmten Epoche wird neben freiplastischen Statuen aus Stein und Bronze sowie der Bauplastik auch Statuetten aus Bronze, Ton und anderen Mate-rialien berücksichtigen, schließlich muß eine ikonographische Studie zur Darstellung eines Mythos völlig unabhängig von den Materialien alle figürlichen Denkmäler behandeln, die diesen Mythos erzählen.

Material in der Baukunst: G. Lugli, La Tecnica Edilizia Romana (Rom 1957). M. E. Blake, Ancient Roman Construction in Italiy from the Prehistoric Period to Augustus (Washington 1947). Dies., Roman Construction in Italy from Tiberius through the Flavians (Washington 1959). Innerhalb der Baugeschichte Pompejis spricht man z. B. von einer „Tuffperiode", vgl. K. Schefold in: Neue Beiträge zur Altertumswissenschaft (Festschrift B. Schweitzer, 1954). In der Plastik: F. Poulsen, Probleme der römischen Ikonographie (1937) 7 f. Dagegen: B. Schweitzer, Die Bildniskunst der Römischen Republik (1948) 5. Vgl. allgemein O. Vessberg, Studien zur Kunstgeschichte der römischen Republik (Lund 1941). — Porphyr: R. Delbrueck, Antike Porphyrwerke (1932). — Tonwaren: von exemplarischer Kürze z. B. die Charakterisierung bei E. T. H. Brann, The Athenian Agora VIII. Late Geometric and Protoattic Pottery (Princeton 1962). R. M. Cook, Greek Painted Pottery (London 1960) 250 ff. Auf diesem Gebiet versprechen naturwissenschaftliche Methoden neue Anhaltspunkte, vgl. E. V. Sayre — R. W. Dodson, American Journal of Archaeology 61, 1957, 35 ff. H. W. Catling — E. E. Richards — A. E. Blin-Stoyle, Annual of the British School at Athens 58, 1963, 94 ff.

Die topographische Ordnung ist dem Bemühen gleichzusetzen, die antiken Verhältnisse wenigstens theoretisch wiederherzustellen. Die ortsfesten Denkmäler, Straßen und Pässe, Städte, einzelne Bauwerke und Plätze, geben hierfür das Gerüst. Die beweglichen Denkmäler aber entziehen sich zunächst diesem Prinzip. Während bei Münzen der Herstellungsort oft entweder durch Beischrift oder bestimmte Prägezeichen angegeben wird und bei der Keramik bestimmte Tonqualitäten die Herkunft verraten, ist bei anderen Gattungen, wie Bronzestatuetten und -gerät, die Lokalisierung der Werkstätten in der Regel nur mit Hilfe einer stilistischen Untersuchung möglich: Der Fundort, bei Werken der Großplastik oft ein entscheidender Faktor für die landschaftliche Zuweisung, gibt für kleine und leichtbewegliche Gegenstände meist keinen sicheren Hinweis. Denn die Heiligtümer, in die etwa Bronzestatuetten, -gefäße und -geräte als Weihgeschenk gestiftet wurden und in denen die meisten der uns erhaltenen griechischen Bronzen gefunden sind, haben Pilger aus den verschiedensten Orten und

Ländern der alten Welt angezogen. Das Inventar der reich ausgestatteten etruskischen Gräber in Caere, Praeneste und Tarquinia
vereinigte neben Erzeugnissen einheimischer Handwerker Importstücke mannigfacher Herkunft.

Antike Topographie: Zu einzelnen Orten, Landschaften und Ländern
vgl. die S. 16 genannten Bibliographien. Eine Übersicht gibt: Enciclopedia Classica III Vol. X Bd. 3: Topografia di Roma Antica. Bd. 4:
Geografia e Topografia storica (Turin 1957). — W. Judeich, Topographie von Athen. Handbuch der Altertumswissenschaft III 2, 2
(2. Aufl. 1931) ist durch die neueren Ausgrabungen, vor allem in der
griechischen Agora, teilweise veraltet. Die Forschung zur antiken Topographie wird meist von der althistorischen Fachwissenschaft betrieben,
vgl. etwa Itinera Romana. Beiträge zur Straßengeschichte des Römischen
Reiches (bisher erschienen Heft 1, 1. Die römischen Straßen der Schweiz:
Die Meilensteine, von G. Walser, Bern 1967).
Importfunde in Heiligtümern: Vgl. z. B. E. Kunze, Etruskische Bronzen in Griechenland, in: Studies presented to D. M. Robinson I (St.
Louis 1951) 736 ff., dazu die S. 16 f. und 80 f. angegebene Literatur. Grie-
chische Handelsbeziehungen allgemein: J. Boardman, The Greeks
Overseas (Pelican books A 581, 1964).

Unüberwindliche Schwierigkeiten können sich selbst dann einstellen,
wenn zu einem erhaltenen Denkmal eine literarische Überlieferung
tritt: so ist es nicht möglich, das in Ostia gefundene Porträt des
Themistokles, eine inschriftlich als Darstellung dieses athenischen
Staatsmannes gesicherte Herme, mit einem der vier Porträts des
gleichen Mannes zu identifizieren, über welche die antike Literatur
berichtet. Der Grund für diese Unsicherheit ist die Unvollständigkeit
der Überlieferung auf beiden Seiten, der monumentalen (nur ein
Bildnistypus, in abgekürzter Form) wie der literarischen (vier er-
wähnte Bildnisse, die jedoch nicht näher charakterisiert werden). Die
Lösung ist ferner dadurch besonders erschwert, daß die Herme keines
der vier in der antiken Literatur genannten Bildnisse des Themistokles
selbst sein kann, sondern nur eine bereits in der Antike hergestellte,
abgekürzte Reproduktion eines dieser Bildnisse.

Die Literatur seit der Auffindung im Jahre 1939 zusammengefaßt
und kritisch beleuchtet von H. Sichtermann, Gymnasium 71,
1964, 349 ff. Dazu G. M. A. Richter, The Portraits of the
Greeks I (London 1965) 97 ff. D. Metzler, Untersuchungen zu den
griechischen Portraits des 5. Jhd. v. Chr. (1966).

Mit dem geschilderten Problem ist die Frage nach der Überlieferung der antiken Kunstwerke gestellt, nach dem Kunstcharakter der erhaltenen Denkmäler. Wie im folgenden Kapitel angedeutet, ist der antike Bestand nur in einer kleinen, teilweise zufälligen Auswahl erhalten, unendlich vieles ist wechselvollen Schicksalen schon in der Antike selbst, vor allem aber in nachantiker Zeit, zum Opfer gefallen. Damit sind auch solche Denkmäler untergegangen, von denen wir aus den Nachrichten der antiken Literatur Kenntnis haben und manchmal sogar eine verhältnismäßig genaue Beschreibung besitzen. Dies gilt vor allem für Werke der antiken Plastik und Malerei, die von den antiken Autoren häufiger erwähnt werden. Wenn wir trotz des Verlustes der Denkmäler manchmal eine bildliche Vorstellung von ihnen gewinnen können, so verdanken wir das den antiken Reproduktionen und Kopien, in denen berühmte antike Kunstwerke für Kunstliebhaber, zu religiösen oder auch zu dekorativen Zwecken nachgebildet wurden (zum Phänomen der Kopie vgl. noch unten S. 103, 105).

Schon J. J. Winckelmann hatte feststellen können, daß unter den Marmorstatuen der römischen Sammlungen Kopien römischer Zeit nach griechischen Werken sich befänden, zum Teil in mehreren Wiederholungen (Repliken). Vom Typus eines ausruhenden Satyrn kannte er deren dreißig allein in Rom und vermutete darin den schon in der antiken Literatur περιβόητος, „berühmt" genannten Satyr des Praxiteles. Gerade im Bestand an statuarischer römischer Plastik sind in der Tat eine große Anzahl verhältnismäßig genauer Wiederholungen bestimmter Statuentypen überliefert, während in den römischen Wandgemälden, vor allem aus Pompeji und Herculaneum, vergleichbar genaue Entsprechungen kaum belegt werden konnten, obwohl auch sie von Vorbildern aus der großen griechischen Malerei beeinflußt sind. So wurde die statuarische Plastik das bevorzugte Gebiet der Kopienforschung, zumal es in einigen Fällen sogar möglich ist, Kopie und Original zu vergleichen: So sind die sogenannten Erechtheion-Koren, Mädchenfiguren, die in der kleinen Südhalle des Erechtheions auf der Akropolis an Stelle von Säulen das Gebälk tragen, zu verschiedenen Malen kopiert worden; Wiederholungen gehören zur plastischen Ausstattung sowohl des Augustus-Forums in Rom wie der Villa des Hadrian bei Tivoli.

Seit den Zeiten Winckelmanns hat die archäologische Forschung eine große Zahl von in Kopien überlieferten Statuentypen mit aus der Literatur bekannten griechischen Werken identifizieren können. Adolf

Furtwängler ist in seinem 1893 erschienenen Buch „Meisterwerke der griechischen Plastik" auf diesem Wege am weitesten gegangen, in der Meinung, daß monumentale und literarische Überlieferung sich entsprechen müßten, daß also im „Kopienvorrat" diejenigen Meisterwerke der griechischen Bildhauer überliefert seien, von denen wir aus der antiken Literatur Nachricht haben. Die sogleich nach dem Erscheinen einsetzende heftige Kritik hat gezeigt, daß sowohl diese Voraussetzung falsch als auch die Methode zu stark von subjektiven Urteilen bestimmt war. Das Wort von der „Manière impérieusement affirmative" mußte allen zur Warnung dienen, die seitdem sich auf dem Felde der Kopienforschung mit und ohne Erfolg versucht haben. So stehen auch in der jüngeren Literatur neben anerkannten Kombinationen schriftlicher und monumentaler Überlieferung andere, die mehr behauptet als bewiesen oder auch nur wahrscheinlich gemacht wurden. Auf der anderen Seite haben diejenigen, die sich dieser Problematik entziehen wollten und sich allein den Originalen zuwandten, die Tatsache übersehen, daß der Weg zur Kunstgeschichte des 5. und 4. Jahrhunderts v. Chr. doch mit Notwendigkeit über die Kopien führt, ein Umstand, der durch den Zufall der Überlieferung bedingt ist. Denn gerade diese Epoche galt dem antiken Klassizismus hellenistischer und römischer Zeit als vorbildlich und die Reproduktion ihrer „klassischen" Kunstwerke diente dazu, die eigene Lebenswirklichkeit zu überhöhen. Aber das für Statuen bevorzugte Material jener Zeit war die Bronze, und gerade die Bronzen sind der Metallarmut spät- und nachantiker Zeit fast ausschließlich zum Opfer gefallen.

Die antiken Reproduktionen und Kopien können in den Maßen wie im Material durchaus von den wiedergegebenen Originalen abweichen. Auch können Reproduktionen in einer ganz anderen Denkmälergattung auftreten, Statuen auf Münzen, in einem Mosaik oder auf Gemmen abgebildet sein. Die Vielfalt der Möglichkeiten zeigt kaum ein Beispiel so deutlich wie die monumentale Überlieferung des aus Gold und Elfenbein gearbeiteten, etwa 12 Meter hohen Kultbildes der Athena Parthenos von der Hand des Pheidias, das in nachantiker Zeit, wahrscheinlich in Konstantinopel, zugrunde ging. Die schriftliche Überlieferung zu diesem Werk ist besonders ausführlich, und schon aus den Beschreibungen dieses berühmten, zwischen 447 und 438 v. Chr. geschaffenen Götterbildes lassen sich verhältnismäßig genaue Angaben über ihr Aussehen und den reichen figürlichen Schmuck entnehmen: Greifen und Sphinx auf dem Helm, ein Gorgoneion auf der Brust,

Abb. 4 Rekonstruktion des Kultbildes der Athena Parthenos in der Tempelcella des Parthenon (nach: H. Kähler, Der griechische Tempel, 1964, Tafel 7).
Vgl. noch Tafel 2, 1. 2.

eine Nike auf der vorgestreckten rechten Hand, in der Linken eine
Lanze, auf dem Schild (zur Linken der Göttin) außen ein Relief mit
einer Amazonenschlacht, innen ein gemalter Gigantenkampf, zwischen
Schild und Göttin eine große Schlange, schließlich Reliefs auf der
Basis und sogar auf den Sohlen der Sandalen. Auf Grund dieser
Nachrichten konnte A. Lenormant 1859 in einer 42 cm hohen Statu-
ette eine erste Nachbildung erkennen, die unvollendet geblieben war
und aus diesem Grunde wie auch wegen der starken Verkleinerung
nicht alle aus der Literatur für das Original überlieferten Einzelheiten
erkennen ließ. Andere Einzelheiten konnten der 1879 beim Varvakeion in Athen gefundenen, 1,05 Meter hohen statuarischen Kopie
entnommen werden, wieder andere der 3,10 Meter hohen Wiederholung, die 1880 in der Bibliothek von Pergamon gefunden wurde.
Von den Schildreliefs sind verkleinerte Kopien in Schildform erhalten,
daneben Kopien einzelner Kampfgruppen in originaler Größe auf

Relieftafeln, die zum größten Teil 1930 und 1931 im Hafen des Piräus gefunden wurden, zum Teil aber schon seit langem unerkannt in den großen Antikenmuseen sich befanden. Vom Gigantenkampf auf der Innenseite des Schildes geben Vasenbilder schon des späten 5. Jahrhunderts v. Chr. eine Vorstellung. Der Kopf ist wiedergegeben auf einer kaiserzeitlichen Gemme, die von dem Steinschneider Aspasios signiert ist, sowie auf Ohrringen des 4. Jahrhunderts v. Chr., die zum Inventar eines südrussischen Grabes gehörten, schließlich auf den „Spiegeln" kaiserzeitlich-römischer Lampen. Eine frühe Wiedergabe der ganzen Statue findet sich vielleicht schon auf attischen Urkundenreliefs des 4. Jahrhunderts v. Chr. Auch freiere statuarische Wiederholungen sind außer den genannten (und zwei weiteren) Statuen und Statuetten noch erhalten, so in der schon in anderem Zusammenhang erwähnten „Minerve au collier", sowie eine Anzahl Köpfe. Eine Kopie des Gorgoneions auf der Schildmitte ist in der durch die Bewunderung Goethes berühmt gewordenen Medusa Rondanini vermutet worden.

Wenn bisher bei der Untersuchung der antiken Reproduktionen und Kopien die Ermittlung des als Vorbild vermuteten älteren, meist griechischen Werkes im Vordergrund stand, so sollte darüber nicht vergessen werden, daß diese Werke auch als Zeugen ihrer eigenen Entstehungszeit gewertet werden müssen, ja daß ihr kunstgeschichtlicher Aussagewert unter diesem Gesichtspunkt oft viel gewichtiger ist. Die Zahl der statuarischen Typen innerhalb des sogenannten „Kopienvorrates", die mit Sicherheit auf ganz bestimmte Meisterwerke des 5. und 4. Jahrhunderts v. Chr. zurückgeführt werden können, ist geringer, als Furtwängler und noch Lippold glaubten, und es läßt sich nicht immer erweisen, „daß auch hinter zunächst wenig ansprechenden Nachbildungen ein verlorenes Meisterwerk verborgen ist" (A. Rumpf, Archäologie II, Berlin 1956, 132). Es wäre deswegen nicht zulässig, die Scheidung zwischen Originalen und Kopien zu einem Prinzip der Ordnung der Denkmäler zu erheben. Erst die Ergebnisse stilistischer und hermeneutischer Interpretation führen schließlich zu weiteren Ordnungsprinzipien, deren Verwirklichung ein Gesamtbild oder Teilbild kunstgeschichtlicher oder kulturgeschichtlicher Entwicklung darstellt. Sie sind Ziel der geistigen Auseinandersetzung mit dem Denkmälerbestand, nicht mehr deren Voraussetzung.

Allgemeine Literatur zur Kopienfrage: A. Furtwängler, Über Statuenkopien im Altertum (1896). Ders., Meisterwerke der griechischen

Plastik (1893). G. Lippold, Kopien und Umbildungen griechischer Statuen (1923). Zur Kritik vgl. Ch. Picard, Manuel d'Archéologie grecque. La sculpture I (Paris 1935) 11 ff. H. G. Niemeyer, Studien zur statuarischen Darstellung der römischen Kaiser (1968), Einleitung. — Die antiken Reproduktionen allgemein, nicht nur Statuenkopien, hat A. Rumpf, Archäologie II (1956) 38 ff. ausführlich behandelt. Ausruhender Satyr: J. J. Winckelmann, Geschichte der Kunst des Altertums 5. Buch Kap. 1 § 6 (Bd. 4 S. 89 der Ausgabe von Eiselein, Donauöschingen 1825). Ch. Picard, Manuel d'Archéologie grecque. La Sculpture III 2 (Paris 1948) 516 ff. Replik im Kapitolinischen Museum in Rom: W. Helbig, Führer durch die öffentlichen Sammlungen klass. Altertümer in Rom II (4. Aufl. 1966) Nr. 1429 (die neuere Forschung hat den „Ausruhenden Satyr" aus dem œuvre des Praxiteles wieder herausgelöst). — Gemäldekopien: G. Lippold, Antike Gemäldekopien (1951). K. Schefold, Pompeijanische Malerei (Basel 1952). Dagegen mit ungerechtfertigter Schärfe, A. Rumpf, Gnomon 26, 1954, 353 ff.

Erechtheion-Koren (Taf. 1): vgl. zuletzt W. Helbig, Führer ... zu Nr. 1645. — Athena Parthenos (Taf. 2): Zur Einführung dient die kleine Monographie von F. Brommer, Athena Parthenos. Opus Nobile Heft 2 (1957). W.-H. Schuchhardt, Athena Parthenos, Varvakionstatuette, in: Antike Plastik, Lieferung II (1963) 31 ff. Zum Schildgorgoneion: E. Buschor, Medusa Rondanini (1958). Schildreliefs: V. M. Strocka, Piräusreliefs und Parthenosschild (1967). Gemme des Aspasios: M. L. Vollenweider, Die Steinschneidekunst und ihre Künstler in spätrepublikanischer und augusteischer Zeit (1966) 30 f.

IV. WIEDERGEWINNUNG UND BESCHREIBUNG DER DENKMÄLER

Die heute nahezu unübersehbare Fülle antiker Denkmäler, die an den Fundplätzen des Mittelmeerraumes freigelegt ist oder in großen und kleinen Antiken-Museen aufbewahrt wird, täuscht nur zu leicht über die Tatsache hinweg, daß die Wiedergewinnung und Wiederherstellung der Denkmäler zu den wichtigsten Aufgaben der Archäologie gehört und in der methodischen Reihenfolge am Anfang der wissenschaftlichen Arbeit steht. Auch die heute zugänglichen Denkmäler sind zumeist einmal gefunden und auf diese Weise „wiedergewonnen worden" und ihre Untersuchung muß mit der Frage nach den Fundumständen beginnen. Es ist das Ziel dieses Bemühens — der kritischen Nachprüfung einer in der Vergangenheit angetroffenen Fundsituation ebenso wie der wissenschaftlichen Ausgrabung selbst —, dem antiken Gegenstand nach Möglichkeit seinen antiken Ort wieder zuzuweisen. Für jede weiterführende Beschäftigung ist es von Bedeutung, ob eine Statuengruppe im Hof eines Privathauses, auf dem Marktplatz einer Stadt oder in einem Tempel gestanden hat und ob ein Dreifußuntersatz in der Küche eines Hauses oder als Opfergabe in einem Heiligtum gefunden wurde. Ebenso wichtig ist bei einer Grabung die genaueste Zuweisung aller Fundstücke, auch bescheidenster Fragmente, an eine bestimmte Stelle des ausgegrabenen „Raumes", die Festlegung des Fundortes innerhalb der vertikalen und horizontalen Koordinaten der Stratigraphie. Alle Aussagen über die Chronologie dieser Fundstücke selbst und über Charakter und Geschichte des Fundplatzes sind davon abhängig. Bei Denkmälern der Architektur ist dieses Problem nur scheinbar von vornherein durch die Lage des Gebäudes gelöst: Die Fundlage einzelner Bauteile gibt oft entscheidende Aufschlüsse über die Zugehörigkeit und für die genaue Einordnung in den tatsächlich oder wenigstens zeichnerisch zu rekonstruierenden Bau. Für die Bestimmung und Klärung der Bauten selbst ist schließlich die Kenntnis des Zusammenhanges innerhalb größerer räumlicher Einheiten (etwa: Markt, Heiligtum, Festung), unerläßlich.

Nur in seltenen Fällen haben die antiken Denkmäler die zwischen dem Altertum und der Gegenwart liegende Zeitspanne unversehrt und an ihrem ursprünglichen Ort überlebt. Ihr Verfall begann bereits in der Antike. Die gewaltsame Zerstörung bei kriegerischen Ereignissen, Brandkatastrophen, Erdbeben oder Überschwemmungen sind nur einige der Ursachen. Die natürliche Verwitterung und der Verschleiß im täglichen Gebrauch treten als wichtige Faktoren hinzu. Seit dem Ende der Antike verlief dieser Verfall zunächst rascher: manche Heiligtümer, städtische und ländliche Siedlungen wurden verlassen und gegen die andringende Natur nicht mehr verteidigt. So wurden der Artemis-Tempel von Ephesus vom Schwemmland des Kaystros, die Altis von Olympia vom Schlamm des Alpheios und die Städte Nordafrikas vom Wüstensand begraben. Tempel, deren Kult von den christlichen Kaisern verboten war, dienten als Steinbruch oder wurden zu Kirchen umgewandelt (oft allerdings hierdurch vor der Zerstörung bewahrt, wie das sog. Theseion in Athen oder das Pantheon in Rom). Der wirtschaftliche Niedergang des Mittelmeerraumes ließ die Bevölkerung schrumpfen und in den Ruinen der zu groß gewordenen Städte sich notdürftig einrichten. Theater wurden zu Burgen umgebaut, Stadtmauern verfielen, Marktplätze verwandelten sich in Viehweiden. Statuen aus Bronze oder gar aus edlerem Metall wurden eingeschmolzen. Eine unendliche Zahl von antiken Denkmälern aus Marmor ist zu Kalk gebrannt worden. Zahlreiche Statuen sind nur noch in Fragmenten erhalten, welche die Kalkbrenner des Mittelalters und der Neuzeit (bis in das 20. Jahrhundert hinein) im Schutt rings um ihre Öfen übersahen.

Je nach dem Material und der Bodenbeschaffenheit wurde das, was unter die Erde gekommen war, manchmal weiter zerstört, blieb manchmal aber auch ausgezeichnet erhalten. So sind im feuchten Boden des küstennahen Heraion von Samos manche Bronzen fast bis zur Unkenntlichkeit oxydiert, während aus demselben Boden Hölzer in fast unveränderter Form geborgen werden konnten, freilich nun höchst empfindlich geworden und nur unter sorgfältigster Behandlung zu erhalten. Marmorstatuen, die nach der Zerstörung Athens durch die Perser im Jahre 480 v. Chr. im Boden der Akropolis begraben wurden, zeigten bei ihrer Auffindung am Ende des vorigen Jahrhunderts noch deutlich ihre originale Bemalung, die heute, unter dem Einfluß von Licht und Luft, teilweise verblichen ist; ähnlich ist es mit Wandgemälden in den Vesuv-Städten Pompeji und Herculaneum. Wie rasch die Verwitterung des Marmors auch im milderen

Mittelmeerklima fortschreitet, zeigt ein Vergleich des immer noch am Bau befindlichen Westfrieses des Parthenon mit den Abgüssen im Britischen Museum in London, die zu Beginn des 19. Jahrhunderts von demselben Fries abgenommen wurden.

Nur wenige Denkmäler blieben seit der Antike unverändert in pfleglichem Gebrauch. Es sind dies vor allem die figürlich verzierten Gemmen und Kameen, die, zum Teil wohl aus der Hand der spätrömischen Kaiser, in die Kirchenschätze wanderten und dort vielfach an liturgischen Geräten oder Reliquienschreinen wiederverwandt wurden. Die sog. Gemma Augustea in Wien, der sog. Grand Camée in Paris oder der spätantike Kameo auf dem Deckel der Ada-Handschrift in Trier sind drei Beispiele für viele. Ebenso kamen Elfenbeindiptychen, eine spätrömische Denkmälergruppe, als Buchdeckel oder in ihrer ursprünglichen Form, aber nun für den liturgischen Gebrauch (z. B. bei der commemoratio pro vivis) verwandt, vielfach in Kirchenbesitz. Wenige Statuen sind als Kunstwerk oder als Andachtsbild besonderer Art nie verschüttet gewesen und nicht zerstört worden, auch wenn man sie von ihrem antiken Standort entfernte und damit der antike Zusammenhang verlorenging. Einige der berühmtesten Antiken der Stadt Rom gehören hierher, wie die Reiterstatue des Marcus Aurelius auf dem Kapitol sowie der Dornauszieher und die kapitolinische Wölfin im Conservatoren-Palast. Die sog. Schlangensäule, ein Teil eines monumentalen Weihgeschenks aus dem Apollon-Heiligtum von Delphi, das den Sieg der Griechen bei Plataeae feierte, mußte wie viele andere Kunstwerke Griechenlands auf Befehl des Kaisers Konstantin der Ausschmückung der neugegründeten Hauptstadt im Osten dienen und fand ihren Platz auf dem Hippodrom Konstantinopels, wo sie noch heute steht. Auch die Bronze-Pferde von San Marco, vielleicht Teil eines im Altertum berühmten Meisterwerks des Lysipp, waren einmal aus Griechenland nach Konstantinopel gewandert, von wo sie 1204 nach der Eroberung von Byzanz durch die Lateiner als Beute nach Venedig kamen.

Zum Untergang der Denkmäler allgemein Th. Wiegand in: Handbuch der Archäologie I (1939) 74 ff. — Die Suche nach dem 4¹/₂ m tief verschütteten Artemistempel von Ephesos beendete erst nach langjährigem Bemühen 1871 J. T. Wood, der seinen Bericht, Discoveries at Ephesus, 1877 erscheinen ließ. Vgl. Forschungen in Ephesos I (1906) 9 ff. 205 ff. — Zu Meeresspiegelschwankungen: D. Hafemann, Die Niveauveränderungen an den Küsten Kretas seit dem Altertum (1966).

A. B a m m e r, Jahreshefte des Österr. Arch. Inst. 47, 1964—65, 126 ff. — Erdbeben: A. H e r m a n n in: Reallexikon für Antike und Christentum V (1962) 1070 ff. s. v.

Das sog. Theseion in Athen, tatsächlich dem Kult des Hephaistos und der Athena geweiht, ist der besterhaltene griechische Tempel des Mittelmeerraumes, vgl. die neuere Literatur bei J. S. B o e r s m a, Bulletin van de Vereeniging tot Bevordering der Kennis van de Antieke Beschaving 39, 1964, 101 ff. Ebenso hat das Pantheon in Rom bis auf die Wandverkleidung im Obergeschoß keine wesentlichen Einbußen in seiner antiken Form erlitten: Literatur bei E. N a s h, Bildlexikon zur Topographie des antiken Rom II (1962) 170 f., dazu H. K ä h l e r, in: Meilensteine der Europäischen Kunst (1965). K. D e F i n e L i c h t, The Rotunda in Rome (1968).

Holzfunde aus dem Heraion von Samos: D. O h l y, Mitt. des Deutschen Archäol. Inst. Athen. Abt. 68, 1953, 77 ff.

Von dem Reichtum der Bemalung auf Statuen und in der Architektur, nicht nur in archaischer, sondern auch in klassischer und nachklassischer Zeit ist heute nur sehr schwer eine Vorstellung zu gewinnen. Nicht nur der klägliche Erhaltungszustand, auch die im Klassizismus ausgebildeten, noch heute weit verbreiteten Vorurteile stehen einem wirklichen Verständnis entgegen. H. K o c h, Studien zum Theseustempel in Athen (1955) 82ff. P. R e u t e r s w ä r d, Studien zur Polychromie der Plastik. Griechenland und Rom (Stockholm 1960). Bemalte Koren von der Akropolis: vgl. die Aquarelle E. Gilliérons und M. Henriques' in H. S c h r a d e r, Auswahl archaischer Marmorskulpturen im Akropolis-Museum (1913) und H. S c h r a d e r, Die archaischen Marmorbildwerke der Akropolis (1939) mit modernen Farbaufnahmen, etwa bei R. L u l l i e s — M. H i r m e r, Griechische Plastik (2. Aufl. 1960) Taf. III. Wandgemälde Pompejis: K. S c h e f o l d, Vergessenes Pompeji (1962), hat einige charakteristische Vergleiche angeführt. — Westfries am Parthenon: Vgl. A. H. S m i t h, British Museum, The sculptures of the Parthenon (London 1910) Taf. 66 (Gips) mit M. C o l l i g n o n, Le Parthénon (Paris 1913) Taf. 82 (Original).

Gemma Augustea: Alberti Rubeni Dissertatio de Gemma Augustea. Neu hrsg., übers. und erl. von H. K ä h l e r (1968). H. M ö b i u s, Gnomon 43, 1971, 316 ff. Grand Camée: Die verfehlte Deutung von G. B r u n s, Mitt. des Deutschen Archäol. Inst. 6, 1953, 71 ff., hatte schon A. R u m p f, Bonner Jahrb. 155/56, 1955/56, 120 ff. zurückgewiesen. Vgl. jetzt H. Jucker's unten S. 129 genannte Arbeit.

Kameo der Ada-Handschrift: Karl der Große. Ausstellungskatalog Aachen 1965 Nr. 416. — R. D e l b r u e c k, Die Consulardiptychen und verwandte Denkmäler (1929). Neuere Literatur zu einzelnen Stücken im vorgenannten Ausstellungskatalog zu Nr. 501—507. — Statuen in

Rom: W. Helbig, Führer durch die öffentlichen Sammlungen klassischer Altertümer in Rom Bd. II (4. Aufl. 1966) Nr. 1161 (Marcus Aurelius) Nr. 1448 (Dornauszieher) Nr. 1454 (Wölfin). Statuen in Konstantinopel: C. Mango, Antique Statuary and its Byzantine Beholder, in: Dumbarton Oaks Papers 17, 1963, 55 ff. (Wichtig für das durch eine eigentümliche Mischung von Ignoranz und Aberglauben geprägte Verhältnis des mittelalterlichen Byzanz zum Klassischen Erbe). Schlangensäule: P. Devambez, Grands Bronzes du Musée de Stamboul (Paris 1937) 7—12, mit Literatur. Über die späteren Geschicke dieses Denkmals vgl. V. L. Ménage, The Serpent Column in Ottoman Sources, in: Anatolian Studies 14, 1964, 169—173. Zu den Pferden von S. Marco zuletzt Ch. Picard, Manuel d'Archéologie grecque. La sculpture IV 2 (Paris 1963) 534. J. F. Crome, Bulletin de Correspondance Hellenique 87, 1963, 209—228. Die Verbindung mit der „Quadriga cum Sole Rhodiorum" des Lysipp (Plinius, Naturalis Historia XXXIV 63) bleibt problematisch, vgl. Picard a. O. 518 ff.

Unsere Kenntnis antiker Denkmäler verdankt vieles dem Zufall. Bei Ackerbau, Fischfang und Bautätigkeit sind so bedeutende Kunstwerke wie der Poseidon vom Kap Artemision, die Statuen von Antikythera, der Schiffsfund von Mahdia, der Silberschatz von Hildesheim zutage getreten, aber auch ganze Städte und Gräberfelder, so die Nekropole der Etrusker-Stadt Spina im Po-Delta. Den Zufallsfunden schließen sich oft Raubgrabungen an, in denen zum Schaden der wissenschaftlichen Erforschung der Denkmäler die Grabungsbefunde nie genau festgestellt und auch die Fundorte selbst aus naheliegenden Gründen verschwiegen oder falsch angegeben werden. Solche Unsicherheit hat oft Anlaß zum Verdacht auf Fälschung gegeben, und hervorragende antike Kunstwerke, die aus heimlichen Grabungen in große europäische und amerikanische Museen gelangt sind, haben erbitterte Polemiken über ihre Echtheit ausgelöst. Auf der anderen Seite sind auch hervorragende Fälschungen lange als unverdächtige Antiken bewundert worden. — Nur in seltenen Fällen ist es gelungen, die Fundgeschichte solcher Stücke bis in die Einzelheiten hinein zu rekonstruieren, wie es kürzlich für den sog. Bostoner Thron geschehen ist, ohne daß dadurch hartnäckige Zweifler sich hätten überzeugen lassen.

Zum Poseidon vom Kap Artemision (Taf. 8) vgl. unten S. 118 f. Die Statuen von Antikythera bei J. N. Svoronos, Das Athener Nationalmuseum I (Athen 1908) 1 ff., in neu restauriertem Zustand bei

R. L u l l i e s — M. H i r m e r, Griechische Plastik (2. Aufl. 1961)
Taf. 218—220. 250. Zur Datierung des Fundes G. D. W e i n b e r g,
V. R. G r a c e u. a., The Antikythera Shipwreck Reconsidered.
Transactions of the American Philosophical Society 55, 3 (1965). —
W. F u c h s, Der Schiffsfund von Mahdia (1963). Die verhältnismäßig
frühe Datierung des Fundes durch Fuchs ist nicht unumstritten, vgl.
J. C h a r b o n n e a u x, Gnomon 37, 1965, 523 f. und schon H. W a l -
t e r, Mitt. des Deutschen Archäol. Inst. Athen. Abt. 76, 1961, 151. —
Zu dem 1868 auf dem Galgenberg zu Hildesheim geborgenen Silber-
fund: U. G e h r i g, Hildesheimer Silberfund. Bilderhefte der Staatl.
Museen Berlin 4 (1967). — N. A l f i e r i — P. E. A r i a s — M. H i r -
m e r, Spina (1958). Scavi di Spina I: S. A u r i g e m m a, La Necropoli
di Spina in Valle Trebba (Rom 1960).
Zu Fälschungen allgemein A. F u r t w ä n g l e r, Neuere Fälschungen von
Antiken (1899). E. P a u l, Die falsche Göttin (1962), dazu A. G r e i -
f e n h a g e n, Gnomon 36, 1964, 713 ff. — Bostoner Thron: E. S i m o n,
Die Geburt der Aphrodite (1959). E. N a s h, Über die Auffindung
und den Erwerb des „Bostoner Throns", Mitt. d. Dt. Arch. Inst. Rom 66,
1959, 104 ff. L. A l s c h e r, Götter vor Gericht (1963): gegen die
Echtheit, ebenso A. v o n G e r k a n, Mitt. des Deutschen Archäol.
Inst. Röm. Abt. 67, 1960, 150 ff. und eine Reihe weiterer Autoren.
Mit seiner sorgfältigen, auf sachlichen Argumenten beruhenden Kritik
dieser Schriften hat H. J u c k e r, Museum Helveticum 22, 1965,
117 ff. die Möglichkeiten einer Fälschung ausgeschlossen, wie vorher
aus ikonographischen Gründen schon E. H o m a n n - W e d e k i n g,
Archäol. Anzeiger 1963, 229 ff. und H. M ö b i u s, ebenda 1964, 294 ff.

Wichtiger als der Zufallsfund ist die systematische Suche. Sie wird
erleichtert, wenn von der antiken Stätte noch Ruinen über dem Boden
anstehen, wie bei den meisten bedeutenderen städtischen Siedlungen
der Antike. Die Grabungen vergangener Jahrhunderte konzentrierten
sich auf solche Fundplätze. Inschriften, die am Platze gefunden wurden, schriftliche Nachrichten, etwa über die Entfernung zu anderen,
schon identifizierten Orten, halfen bei der Benennung. Ebenso auch
manche moderne Ortsnamen, die den antiken Namen in meist abgekürzter Form und manchmal nur geringfügig verändert bewahrten.
Schwieriger ist es, eine Siedlung zu finden, deren Bauten aus ver-
gänglichem Material errichtet waren, aus Holz, Lehmziegeln oder
trocken aufgemauerten Feld- und Bruchsteinen, oder ein Gräberfeld,
das nicht durch Grabmonumente sich deutlich im Gelände markiert.
Manche Städte sind durch Naturereignisse völlig unter dem Erdboden

versunken, Herculaneum und Pompeji unter den Eruptionsmassen des Vesuv, die 510 v. Chr. zerstörte griechische Kolonie Sybaris am Golf von Tarent unter dem Schwemmland des Crati, eines kleinen Küstenflusses in Calabrien.

Seit jeher hat die Archäologie (in Deutschland vornehmlich die prähistorische Disziplin) für diese Aufgaben die Methoden der Landesaufnahme und der Feldbegehung entwickelt. Bedeutendere Siedlungen verändern das natürliche Gelände. Das die Ruinen bedeckende Erdreich kann eine flache unnatürliche Erhebung hervorrufen, Städte, die durch Jahrhunderte und Jahrtausende immer wieder besiedelt worden sind und wo Ruinen in vielen Schichten immer wieder über Ruinen liegen, wachsen zu beträchtlicher Höhe auf. Der Kern einer solchen Siedlung ist oft selbst ein natürlicher Hügel oder Felskegel. Die Form des Ruinenhügels aber ist geprägt durch künstliche Terrassen, durch Abfallhalden und Lagen von Zerstörungsschutt und damit oft deutlich von einer natürlichen Erhebung unterschieden. Auch der Bewuchs ist ein anderer als der der Umgebung: ungleichmäßig mit Mauerresten und wieder besonders humusreichen Partien durchsetzt, läßt das Erdreich über einer Ruinenstätte keine regelmäßige Vegetation zu. Schließlich greifen Erosion oder Ackerbau in die obersten Schichten oder, bei den meist „Tell" genannten Wohnhügeln, die Ränder der Siedlung an und bringen Tonscherben und kleinere und leichtbewegliche andere Siedlungsreste an die Oberfläche. Nach Regenfällen oder der Feldbestellung finden sie sich zahlreicher als sonst. Es versteht sich, daß Grundkenntnisse in der Geologie und Geographie des zu untersuchenden Geländes die Arbeit der archäologischen Landesaufnahme und der wissenschaftlichen Aufsuchung wesentlich erleichtern. Ebenso wichtig ist die antike Siedlungsgeographie. Oft läßt sich schon von der Formation des Landstrichs her sagen, wo Siedlungen aus den verschiedenen Epochen der Vorgeschichte und der geschichtlichen Antike gesucht werden müssen.

Neben diesen konventionellen Methoden wissenschaftlicher Aufsuchung hat in den letzten Jahrzehnten die moderne Technologie Hilfsmittel für die Archäologische Prospektion entwickeln helfen. Hier gebührt der erste Platz der Luftbild-Archäologie, die gleichsam als Nebenprodukt militärischer Luftaufklärung entstanden ist. Sie gründet sich auf den oben angedeuteten Zusammenhang von Vegetation und Bodenbeschaffenheit bzw. der Veränderung des natürlichen Bodens durch Bodenkultur und Besiedlung sowie deren Sichbarwerden unter bestimmtem Lichteinfall. So unterscheidet sie „Schattenmerkmale, Bodenmerkmale und Bewuchsmerkmale". Die Erkenntnisse, die mit Hilfe der im Laufe der letzten Zeit sehr verfeinerten Methoden gewonnen werden konnten, sind in jeder Hinsicht als außerordentlich zu bezeichnen. Die archäologische Landesaufnahme ist ohne sie heute nicht mehr denkbar. Der Verlauf antiker Landstraßen, die Kenntnis der römischen Ackeraufteilung, der Centuriation, die Lage römischer Gutshöfe und Feldlager und bisher unbekannter Siedlungen, Gräber und Gräberfelder sind nur einige der vielfältigen Ergebnisse, die in das Gebiet der mittelmeerischen Archäologie fallen. Unter den physikalischen Methoden verdient die zukunftsreiche elektrische Bodenwiderstandsmessung noch eine besondere Erwähnung: sie ermöglicht unter günstigen Umständen schon vor der Ausgrabung die Lokalisierung von über dem Boden unsichtbaren antiken Bauresten. Diese und verwandte technologische Hilfsmittel verlangen zum Teil außerordentlich spezielle naturwissenschaftliche Kenntnisse, die der Archäologe im einzelnen kaum zusätzlich erlernen kann. Aber auf den Überblick kann er nicht verzichten. Und nur eine enge Zusammenarbeit mit den wenigen Spezialisten jener Fachgebiete wird diese über die vorhandenen methodischen Probleme unterrichten, den Archäologen über neue Möglichkeiten, sie zu bewältigen.

Die Entdeckung der Vesuvstädte ist anschaulich geschildert worden in dem populären Buch von E. C. Conte Corti, Untergang und Auferstehung von Pompeji und Herculaneum (1951). Literatur zu Pompeji bei A. Maiuri in: Enciclopedia dell'arte antica classica ed orientale VI (Mailand 1965) 354 ff. Die besonderen Verdienste Carlos III. von Bourbon um die Ausgrabungen von Herculaneum hat R. Herbig, Madrider Mitt. 1, 1959, 1 ff. gewürdigt. Literatur bei A. Maiuri in: Enciclopedia usw. III (Mailand 1960) 359 ff. — Die Suche nach Sybaris ist ein Musterbeispiel für die Anwendung naturwissenschaftlicher Methoden, vgl. O. Bullitt, Die Suche nach Sybaris (1971). Atti e Memorie, Società Magna Grecia N. Ser. 12/13, 1972/73 (1974), passim.

Die Erforschung der antiken Wohnhügel (Hüyük, Tell, Tepe) ist in der Archäologie des Vorderen Orients entwickelt und zu außerordentlicher Höhe geführt worden. Die Arbeiten des Oriental Institute, Chicago, haben hier neue und hohe Standards gesetzt. Vgl. allgemein S. Lloyd, Mounds of the Near East (Edinburgh 1963), und als Modelluntersuchung die beiden Werke von R. J. Braidwood, Mounds in the Plain of Antioch (Chicago 1937) und, daraus resultierend, Excavations in the

Plain of Antioch I (Chicago 1960, zus. mit L. S. Braidwood). —
Für Feldbegehung und Landesaufnahme im Mittelmeerraum vorbildlich
ist J. D. S. Pendlebury, The Archaeology of Crete (London 1939).
Diese Tradition ist besonders von der englischen Archäologie fortgeführt
worden, vgl. etwa Annual of the British School of Athens 59, 1964, 50 ff.
und 60, 1965, 99 ff. sowie Papers of the British School at Rome 25, 1957,
67 ff. und 31, 1963, 100 ff.
Zur Luftbildarchäologie: E. F. Schmidt, Flights over Ancient Cities
of Iran (Chicago 1940). R. Mouterde — A. Poidebard, Le Limes
de Chalkis (Paris 1945). J. Baradez, Fossatum Africae (Paris 1949).
J. Bradford, Ancient Landscapes (London 1957). Saggi di Foto-
interpretazione Archeologica = Quaderni dell'Instituto di Topografia
Antica della Università di Roma 1 (Rom 1964). R. Agache —
R. Chevallier — G. Schmiedt, Études d'Archéologie aérienne
(Paris 1966). — Naturwissenschaftliche Methoden: C. M. Lerici,
I Nuovi Metodi di Prospezione Archeologica alla Scoperta delle Civiltà
sepolte (Mailand 1960). Don Brothwell — E. Higgs — G. Clark
(Hrsg.), Science in Archaeology (Bristol 1963). J. Scollar, A Con-
tribution to Magnetic Prospecting in Archaeology. Beiheft 15 der
Bonner Jahrb. (1965). Ständige Publikationsorgane der archäologischen
Technologie sind: Archaeometry (Band 1 ff. Oxford 1958 ff.) und
Prospezioni Archeologiche (Band 1 ff., Rom 1966 ff.) — Die Methoden
der modernen Datenverarbeitung werden erst allmählich für die Archäologie nutzbar gemacht, vgl. z. B. J. C. Gardin in: Revue Archéo-
logique, Neue Serie 1, 1966, 159 ff.

Im Anschluß an eine erfolgreiche archäologische Prospektion erfolgt
oft, aber keineswegs immer, die Ausgrabung. Vorerst ist die als
„antiker Platz" erkannte Stelle, soweit ohne größeren Aufwand
möglich, einer sorgfältigen Prüfung zu unterziehen. Die Ergebnisse
der Prospektion selbst, etwa die Gefäßscherben, Ziegel und Mörtel-
reste von der Oberfläche, vermitteln ein erstes Bild von der Geschichte
des Fundplatzes. Auch kann das Verhältnis von Vorratsgeschirr zu
Tischgeschirr einer und derselben Epoche auf den Charakter des
antiken Ortes als Handelsplatz oder Wohnsiedlung hinweisen. Eine
solche Prüfung ermöglicht meist schon eine Antwort darauf, ob eine
Ausgrabung an diesem Platz die archäologische Fragestellung, welche
der Anlaß war zur Prospektion, überhaupt lösen helfen kann. Weiter
ist das Ausmaß nachantiker Störungen, durch Bautätigkeit, tiefer-
reichendes Pflügen oder einfach durch Erosion abzuschätzen. Es ist eine
ungeschriebene Faustregel, daß, je mehr Scherben auf der Oberfläche

gefunden werden, desto weniger von der antiken Siedlung im Boden erhalten ist.

Die Ausgrabung selbst ist ein empirischer Akt, vergleichbar einer gerichtsmedizinischen Obduktion. Es gilt, die durch den gewaltsamen und den natürlichen Verfall trümmerhafte und verschüttete Vergesellschaftung antiker Denkmäler — sei es einer Siedlung, sei es einer Grabanlage — bis zur unscheinbaren Einzelheit freizulegen oder zu bergen und im Befund zu dokumentieren. Die beiden Aufgaben sind eng miteinander verquickt und müssen nebeneinander durchgeführt werden. Ihre Bewältigung im Verlaufe der Ausgrabung ist jeweils nur ein einziges Mal möglich: die Einheit von Fund und Fundlage wird im Augenblick der Ausgrabung und Bergung des Fundes ein für alle Mal zerstört und läßt sich auch bei der wissenschaftlichen Bearbeitung nicht rekonstruieren, wenn nicht eine sorgfältige Dokumentation in Zeichnung, Photographie und Beschreibung und eine genaue Einordnung in das dreidimensionale Meßsystem der Grabung den Fundpunkt und die besondere Beschaffenheit des Fundzusammenhangs festhalten. Der Zwang zur Exaktheit, zu scharfer Beobachtung und dauernder Kombination aller soeben wahrgenommenen Einzelheiten ist außerordentlich, und unter dem Druck der Unwiederbringlichkeit eines einmal zerstörten Befundes muß immer wieder neu entschieden werden, was und wie ausgegraben werden soll. So wird die Ausgrabung zu einem spezialisierten wissenschaftlichen Tun, das allerdings nur die eigene Praxis wirklich lehren kann. Alle guten Darstellungen vom Wesen einer archäologischen Ausgrabung sind deshalb von persönlicher Erfahrung bestimmt und können nur mit der Einschränkung auf allgemeine Grundsätze als verbindlicher Leitfaden für die eigene Arbeit gelten. Denn jeder Grabungsplatz erfordert andere, seinen besonderen und einmaligen Bedingungen angepaßte Methoden. Eine größere Hilfe für den zukünftigen Ausgräber ist das intensive Studium von Ausgrabungspublikationen hinsichtlich der Probleme, welche für die jeweilige Grabung eigentümlich waren und hinsichtlich der Methoden, mit denen sie bewältigt wurden.

Wichtigstes methodisches Ziel der Ausgrabung bleibt, wenn es sich um eine Siedlung handelt, die Stratigraphie, d. h. die Feststellung und Beschreibung der Schichten, die sich während des Lebens der Siedlung in ihr abgelagert haben. Die stratigraphische Methode ist in der Geologie entwickelt worden, als man seit dem Ende des 18. Jahr-

hunderts zum ersten Male die Ablagerungen von Erdreich und Gestein
für die Erforschung der Erdgeschichte nutzbar zu machen lernte. In
einer Siedlung bezeichnen solche Schichten oder Straten (Strata) jeweils
eine Phase oder eine Epoche ihrer Geschichte: langsame Ansamm-
lung von Abfall, plötzliche Anschwemmung von Erdreich durch
Regenfall oder Hochwasser, langsamer Verfall oder plötzliche Zerstörung von Gebäuden, Neubau auf eingeebneten Ruinen, Erneuerung von Fußböden, Straßen, Wegen und Mauern hinter-
lassen ihre Spuren. Jedesmal werden Erdmassen bewegt, angesam-
melt oder abgetragen. Eingeschlossen in dieses Boden-Volumen und
in ursächlichem Zusammenhang damit stehen Bauten bzw. Baureste,
die hierdurch bestimmten, durch Schichten markierten Phasen oder
Epochen zugeordnet werden können. Das gleiche gilt für die beweglichen Objekte, die in den Schichten gefunden werden: Scherben
und zerbrochenes Gerät geraten als Abfall hinein, anderes Fundgut,
weil es einmal verloren oder aus irgendeinem Grunde liegen gelassen
wurde.

Neben der vertikalen Stratigraphie kennt der Ausgräber die horizontale Stratigraphie, in der die allmähliche Ausdehnung oder Ver-
lagerung einer Siedlung oder eines Gräberfeldes untersucht wird.
Solches Ausgreifen über die ursprünglichen Grenzen läßt sich überall
dort beobachten, wo in der Antike Menschen gelebt haben. Beispiele
sind die Hadrians-Stadt in Athen, oder das „Quartier Nord-Est" von
Volubilis, beides einer bestehenden Stadt zugefügte Stadtviertel, oder
der langsam sich stadtauswärts schiebende Friedhof vor dem Dipylon
in Athen, der durch die ganze Antike hindurch belegt worden ist.
Ähnliche Erscheinungen sind zu berücksichtigen, wenn in der Grabung
Bauten gefunden werden. Kaum ein Gebäude, das längere Zeit benutzt wird, bleibt im Verlaufe dieser Zeit ohne Veränderungen.
Anbau, gewaltsamer oder beabsichtigter Abbruch und Wiederaufbau,
selbst Planänderungen im Zuge der ersten Errichtung geben sich im
Baubefund durch Baufugen, Wechsel im Material, Mauerabsätze u. a.
zu erkennen. Ein Sonderfall der antiken Baugeschichte ist der Ares-
Tempel in Athen, der in der 2. Hälfte des 5. Jahrhunderts v. Chr.
errichtet wurde: seine Fundamente sowie Reste des aufgehenden
Baues und des Skulpturenschmucks wurden auf der griechischen
Agora gefunden. Er stand jedoch nicht von Anfang an auf
dieser Stelle. Die Architekturblöcke tragen sorgfältige Versatzmar-
ken aus augusteischer Zeit, und auch das Fundament läßt sich

eher mit frühkaiserzeitlichen Fundamenten vergleichen als mit solchen des 5. Jahrhunderts v. Chr. Hieraus ist zu Recht auf die ganz ungewöhnliche Tatsache geschlossen worden, daß man in der Zeit des Augustus diesen Tempel, der einer städtebaulichen Neuordnung an uns bis jetzt unbekannter Stelle im Wege stand, dort abbrach und auf der alten Agora, die zu dieser Zeit schon nicht mehr wie früher als Markt benutzt wurde, sorgfältig wieder aufrichtete: eine denkmalpflegerische Leistung, die bis in unsere Zeit ihresgleichen sucht.

Für die außerordentliche Verfeinerung der Untersuchungsmethoden seit dem Einsetzen der großen Ausgrabungen ist die Geschichte der Grabung auf dem Burghügel von Troja ein eindrucksvolles Beispiel. Schliemann hatte zunächst einen breiten Graben durch den Hügel gelegt, der wider sein Erwarten erst in der Tiefe von 10 m auf den gewachsenen Boden stieß. Mit einer Breite von 20 m zerstörte dieser später berüchtigte Nord-Süd-Graben, in dem Schliemann rücksichtslos alle jüngeren Mauerreste beseitigen ließ, viel vom Zentrum des Hügels, in dem mehrere Städte übereinander begraben waren. Eine starke Brandschicht, die das gewaltsame Ende einer der früheren, unteren Siedlungen bezeichnete, hielt er für die Spuren der ‚homerischen‘ Zerstörung, den berühmten Goldschatz, der in einem Hohlraum der zugehörigen Burgmauer vor drohender Gefahr verborgen worden war, für den Schatz des Priamos. Von den Schichten, die er mit seinem Suchgraben durchschlagen hatte, wußte Schliemann wenig. Erst der Architekt der Olympia-Grabung, Wilhelm Dörpfeld, der in Schliemanns Auftrag von 1882 an über dessen Tod (1890) hinaus bis 1893/94 in Troja grub, brachte Klarheit in den verwirrenden Befund. Er stellte neun aufeinander folgende Siedlungen fest, von denen Schliemanns „homerisches" Troja die zweitälteste war, fortan Troja II genannt. Die jüngste, hellenistisch-römische Siedlung, Troja IX, hatte als erste den allmählich höher und höher gewachsenen Stadthügel durch eine gewaltige Terrasse planiert und dabei ältere Schichten abgeräumt, darunter auch das Zentrum der bedeutendsten sechsten Siedlung, in der nun das Troja Homers erkannt wurde. In den Jahren 1932—1938 gelangen dann einer amerikanischen Expedition unter C. W. Blegen noch sehr viel genauere Beobachtungen über die Verhältnisse der einzelnen Bau- und Siedlungsperioden zueinander. An Stelle der neun Schichten Dörpfelds traten deren nicht weniger als dreißig. Als Ursache der Zerstörung der Stadt Troja VI, das

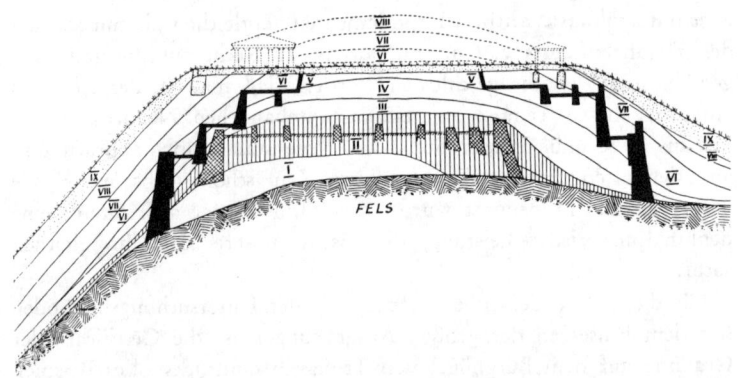

Abb. 5 Der Burghügel von Troja. Schematischer Schnitt nach den Ergebnissen der Grabungen von H. Schliemann und W. Dörpfeld (nach: H. J. Eggers, Einführung in die Vorgeschichte, 1959, Abb. 3).

lange als das Troja Homers gegolten hatte, konnte auf Grund
genauester Beobachtung des Grabungsbefundes ein Erdbeben festgestellt werden, und Troja VIIa, welche die notdürftig wieder-
hergestellten Bauten von Troja VI zum größten Teil weiterbenutzte,
wird nun als die „homerische" Stadt angesehen, freilich auch
dieses in der Forschung nicht unangefochten. Allerdings, die Stelle
gefunden zu haben, auf der das von Homer beschriebene Troja
gestanden hat, blieb und bleibt das Verdienst des ersten Ent-
deckers.

Einseitig durch die Problemstellung der großen Freilegungsarbeiten an
den antiken Bauten Kleinasiens bestimmt und zum Teil veraltet ist
die Darstellung von Th. Wiegand („Methode der wissenschaftlichen
Ausgrabung") in: Handbuch der Archäologie I (1939), 96 ff. Eine kurze
allgemeine Einführung in die praktischen Probleme einer Architektur-
grabung, ohne besondere Berücksichtigung der komplizierten strati-
graphischen Befunde einer Siedlungsgrabung gibt W. Müller-Wiener
in: Studium Generale 17, 1964, 228 ff. Sehr persönlich gefaßt, aber ausgezeichnet durch praktische Beispiele, die in Ausführlichkeit diskutiert
werden, ist M. Wheeler, Moderne Archäologie. Methoden und Technik der Ausgrabung (rde 111/112, 1960). Obwohl in den Beispielen auf
das römische Britannien beschränkt, dient G. Webster, Practical Archaeology. An Introduction to Archaeological Field-work and Excavation
(London 1963) als vorzügliche Einführung in das Ausgrabungswesen.

Dasselbe gilt für G. Th. S c h w a r z , Archäologische Feldmethode (Thun-München 1967), dessen Beispiele der schweizerischen Bodenforschung entnommen sind. Als französischen Beitrag vgl. P. C o u r b i n , Stratigraphie et Stratigraphie (erläutert am Beispiel der Grabungen von Argos) in: Études Archéologiques I (Paris 1963).

Zu mittelalterlicher Raubgräberei und zum Auftreten antiker Fundstücke in frühmittelalterlichen Gräbern und Siedlungen zuletzt W. K r ä - m e r in: Germania 43, 1965, 327 ff.

Tendenzen zur Entwicklung einer eigenen Disziplin zeigt die „Unterwasser-Archäologie". Eine Übersicht über den Stand der Forschung und weiterführende Literatur geben: Atti del II. Congresso Intern. di Archeologia Sottomarina, Albenga 1958 (Bordighera 1961). G. F. B a s s , Archäologie unter Wasser (1966). G. K a p i t a n — J. H u s t o n , Bibliography of Underwater Archaeology (Chicago 1966).

Die stratigraphische Untersuchung eines Ausgrabungsplatzes hat auch die natürlichen Bodenverhältnisse zu untersuchen. Als kurze Einführung vgl. E. M ü c k e n h a u s e n , Das natürliche Bodenprofil, in: Bonner Jahrb. 165, 1965, 1 ff. Weitere Literatur bei G. Th. S c h w a r z a. O. 217 f. Als eindrucksvolles Beispiel einer Siedlungsstratigraphie auf griechischem Boden ist das Profil der Grabung auf der Argissa-Magula anzusehen, vgl. V. M i l o j č i ć u. a., Die Deutschen Ausgrabungen auf der Argissa-Magula in Thessalien Band I (1962). Außerordentlich kompliziert sind vertikale und horizontale Stratigraphie im Gräberfeld von Athen, vgl. Kerameikos. Ergebnisse der Ausgrabungen. Band I ff. (1939 ff.). Ein Beispiel für die Interpretation dieses Gräberfeldes nach den Methoden der horizontalen Stratigraphie (und der vergleichenden Typologie) hat R. H a c h m a n n , Göttingische Gelehrte Anzeigen 215, 1963, 47 ff. gegeben, vgl. dazu die Kritik von K. K ü b l e r , Archäol. Anzeiger 1964, 145 ff. — Athen, Hadriansstadt: I. T h a l l o n H i l l , The Ancient City of Athens (London 1953), 205 ff. I. T r a v l o s , Bildlexikon zur Topographie des antiken Athen (1971) 253 (mit Literatur). — Volubilis: R. E t i e n n e , Le Quartier Nord-Est de Volubilis (Paris 1960). — Die kritische Bauaufnahme und -interpretation mit Beachtung aller, auch der geringsten Details ist eine Aufgabe, die der Archäologe nur selten allein bewältigen kann und meist eher dem Bauforscher überläßt. Wie schwierig diese Aufgabe ist, zeigt die Diskussion über das antike Theater von Priene: A. v o n G e r k a n , Das Theater von Priene (1921). W. D ö r p f e l d , Mitt. des Deutschen Archäol. Inst. Athen. Abt. 49, 1924, 50 ff. A. v o n G e r k a n , Istanbuler Mitt. 9/10, 1960, 97 ff. und ebenda 13/14, 1963/64, 67 ff. — Zum Arestempel: M. H. M c A l l i s t e r , Hesperia 28, 1959, 1 ff. — Der Forschungsstand zu Troia ist jetzt zusammengefaßt bei C. W. B l e g e n , Troy and the Troians (London 1963).

Die Wiedergewinnung eines Denkmals durch zufällige Auffindung oder gezielte Ausgrabung ist nur dann hiermit auch beendet, wenn der Zufall den Gegenstand so vollständig bewahrt hat, wie er die antike Werkstatt verließ. Solches Glück wird dem Archäologen selten zuteil. Meist wird er die ursprüngliche Form aus Bruchstücken erschließen müssen, die noch dazu durch Umwelteinflüsse in Substanz, Form und Oberfläche verändert sind. Die technische Seite dieser Aufgabe fällt in das Arbeitsgebiet von Restauratoren. Ihnen obliegt auch die Konservierung der je nach dem Material oft höchstempfindlichen, vom völligen Zerfall bedrohten Fundstücke. Aber auch der Archäologe benötigt eine gewisse Grundkenntnis der Vorgänge, die zu Verwitterung und Zerfall führen, sowie der Techniken, deren sich Restaurator und Konservator bedienen. Nicht immer ist ein Fachmann in der Grabung, wenn ein gefährdetes Fundstück geborgen werden muß, und die „erste Hilfe" kann für die Bewahrung entscheidend sein. Unter der Menge von Fragmenten, die in einer Grabung gefunden werden, kann vollends nur der Fachwissenschaftler Ordnung schaffen und manchmal eine Zusammensetzung von Auseinandergerissenem vorbereiten, indem er aus seiner Kenntnis der stilistischen Entwicklung, der Ikonographie und Motivwelt bis hinab zur Formensyntax einer bestimmten kunstgeschichtlichen Entwicklungsphase die einzelnen Fragmente beurteilt und ordnend Gleiches zu Gleichem legt. Nur er kann, wenn das überhaupt möglich ist, bei Anschauung eines Fragmentes beurteilen, was denn fehlen könnte, und nach dem Fehlenden suchen oder die tatsächliche oder zeichnerische Rekonstruktion bestimmen.

Drei Beispiele für den mühsamen Weg der Wiederherstellung machen deutlich, wie sehr solche Fragmente, die zu einem Denkmal gehören, verstreut sein können: schon gegen Ende des 19. Jahrhunderts wurde in Paris in der privaten Kunstsammlung Rampin ein archaischer Kopf bekannt, der 1875 auf der Akropolis von Athen gefunden worden war. Man erkannte in ihm ein Meisterwerk attischer Kunst, war aber über die Erklärung uneins. So konnte etwa Ch. Picard 1935 die Benennung „Zeus" vorschlagen, und der Neigung des Kopfes entsprechend war die Ergänzung zu einer Sitzstatue nicht unwahrscheinlich. Der Kopf war gefunden worden, bevor noch die großen Akropolisgrabungen einsetzten, die von 1885—1891 durchgeführt wurden und systematisch an den meisten Stellen den Burgfelsen freilegten. Unter den außerordentlich zahlreichen Skulpturenfunden,

meist Fragmenten, die in mühsamster und langwieriger, über 40 Jahre
währender Arbeit geordnet und zusammengefügt werden mußten,
war auch der Torso eines Reiters, von dessen Pferd ebenfalls einige
Bruchstücke hatten angefügt werden können. Der englische Archäologe
H. Payne war es dann, der 1936 erkannte, daß Kopf Rampin und
Reitertorso zusammengehörten und beide Bruch auf Bruch aneinander-
fügte. Wenig später wurde bemerkt, daß unter den Skulpturenfrag-
menten der Akropolis Reste einer weiteren gleichen Reiterstatue sich
befanden, welche mit der soeben wiedergewonnenen zusammen eine
Gruppe gebildet hatte. Ein Weihgeschenk, das gegen die Mitte des
6. Jahrhunderts auf die Akropolis geweiht worden war — wir wissen
nicht aus welchem Anlaß und wer in diesen beiden Gestalten gemeint war — konnte so nach über 50 Jahren wenigstens in der
Zeichnung ganz wiederhergestellt werden.

Abb. 6 Rekonstruktion einer archaischen Reitergruppe von der Akropolis
(nach: H. von Roques de Maumont, Antike Reiterstandbilder, 1958, Abb. 1b)

Immer wieder sind es auch Beobachtungen von vermeintlich bescheidenen Details, etwa des Materialzustandes, die eine Wiederherstellung ermöglichen. Zum alten Besitz des Istanbuler Museums gehört ein Kopf, der mit der Fundort-Angabe Rhodosto im Museumsinventar verzeichnet ist. Rhodosto, in der europäischen Türkei gelegen, war, wie bald gesehen wurde, als Fundort sehr unwahrscheinlich; der Kopf, der etwa 540/30 v. Chr. entstanden ist, wurde als das Werk einer ostionischen Bildhauerwerkstatt erkannt, und so vermutete man, die Fundort-Angabe habe ursprünglich vielleicht Rhodos geheißen, sei dann aber von Museumsbeamten verballhornt worden. Aber man wußte sich auch nicht recht zu erklären, wie denn ein ionischer Kopf auf die dorische Insel Rhodos gekommen sei. Erst eine besonders sorgfältige Stilanalyse führte zu der genaueren Lokalisierung der Bildhauerwerkstatt auf der Insel Samos und Beobachtungen über die Marmorart (Farbe, Korngröße) und die besonderen Marmoradern, welche am Kopf sichtbar waren, ließen die Vermutung auftauchen, daß dieser Kopf in der Tat zu einer überlebensgroßen Jünglingsstatue im Museum von Vathy/Samos gehöre, welche aus Fragmenten zu einem bruchstückhaften Torso hatte zusammengesetzt werden können. Der in Istanbul hergestellte Abguß von Untergesicht und Hals des Kopfes, an dem die in der Oberfläche im Gegensatz zu den anderen Partien des Gesichtes rauheren Marmoradern deutlich zu erkennen waren, bestätigte auf das genaueste diese glänzende Vermutung: Kopf und Torso paßten Bruch auf Bruch.

Unendlich komplizierter, langwieriger und zugleich auch durch Irrtümer erschwert, kann der Weg der Wiederherstellung sein, wenn es nicht eine einzelne Statue oder Vase zu rekonstruieren gilt, sondern ein so großes und vielteiliges Denkmal wie den Parthenon. Der unvoreingenommene Besucher der Akropolis von Athen ahnt wenig von dem reichen bildnerischen Schmuck, der einst diesen Tempel zierte und heute über viele Museen verteilt ist, in Athen, London, Paris, Palermo, Rom, Würzburg, Heidelberg.

Die Umbauten der nachantiken Zeit, erst in eine Kirche, nach der 1458 erfolgten Eroberung der Burg durch die Türken dann in eine Moschee, hatten dem Parthenon noch wenig Schaden zugefügt. Von den Giebeln hatte derjenige im Osten durch den Bau der Apsis die Skulpturen aus der Mitte verloren, während der Westgiebel offenbar fast vollständig erhalten war, als der Anconitaner Kaufmann und Reisende Ciriaco de'Pizzicolli ihn bei einem seiner Aufenthalte in

Athen im 15. Jahrhundert zeichnete, ebenso noch im Jahre 1674, als der Maler Jacques Carrey die Parthenon-Skulpturen im Auftrage des Marquis de Nointel, eines französischen Gesandten an der Hohen Pforte, in großer Ausführlichkeit zeichnerisch aufnahm. Erst die Explosion des im Parthenon aufbewahrten Pulvermagazins im Jahre 1687, bei der Belagerung der Stadt durch die venezianische Armee unter Francesco Morosini, zerstörte den bis dahin gut erhaltenen Bau und fügte auch dem Westgiebel schweren Schaden zu. Der mißlungene Versuch Morosinis, einige der Skulpturen nach Venedig mitzunehmen, bei welchem die noch am besten erhaltenen Stücke des Mittelfeldes aus dem Giebel fielen und zerbrachen, tat ein Übriges hinzu. Hatte Carrey noch zweiundzwanzig Figuren im Giebel gesehen, so waren es, als Richard Dalton 1749 als Begleiter von Lord Charlemont Athen besuchte und den Giebel zeichnete, nur noch zwölf. Durch einen weitreichenden Firman ermächtigt, entfernte dann Lord Elgin, von 1799 bis 1803 britischer Gesandter an der Hohen Pforte, den größten Teil des gesamten Skulpturenschmuckes vom Parthenon, darunter auch die besser erhaltenen Stücke des Westgiebels; 1816 gelangten die ‚Elgin Marbles‘ in das Britische Museum in London, vom Westgiebel sieben Statuentorsen und eine Anzahl kleinerer Fragmente. Eine fragmentarische Gruppe von zwei Figuren und ein weiterer Statuenrest waren im Giebel verblieben.

Seither hat sich die archäologische Forschung unentwegt um die Wiederherstellung bemüht, ohne etwa den von Carrey gezeichneten Stand wieder erreichen zu können. Viele der bei der Explosion herabgeschleuderten Fragmente sind in die Kalköfen gewandert. Trotzdem sind die Ergebnisse jener Bemühung, wie für die übrigen Skulpturen, so auch für die des Westgiebels erheblich: Schon 1835, bald nach der Befreiung Griechenlands, und nochmals 1846, konnte Ludwig Ross bei Grabungen auf der Akropolis zwei Torsen sowie ein Stück der Brust des Poseidon und weitere Fragmente finden, unter anderen solche von dem Ölbaum, der die Mitte des Giebels eingenommen hatte. Ein weiterer Torso kam um 1860 auf der Burg zutage, neue Fragmente 1932 im Zuge der amerikanischen Grabungen am Nordhang der Akropolis und auf der Agora. Eine der erstaunlichsten Entdeckungen in diesem Zusammenhang war 1947 die eines Pferdekopfes vom Gespann der Athena in den Magazinen des Vatikanischen Museums in Rom, der offenbar mit der Beute aus Morosinis Feldzug seinen Weg nach Italien gefunden hatte. Einen großen Schritt vor-

wärts bedeutete die Feststellung, daß von einigen Skulpturen des
Westgiebels Kopien im verkleinerten Maßstabe erhalten sind. Die
Zugehörigkeit zahlreicher Fragmente ist erst allmählich erkannt worden, manche Zuweisung war und bleibt noch umstritten. Vergleichen
wir in der zusammenfassenden Veröffentlichung Fr. Brommers von
1963 die Bestandsaufnahme mit der Rekonstruktion, wie sie heute
im großen und ganzen als gesichert gelten kann, so wird deutlich,
wie gering immer noch der Anteil des sicher Erhaltenen bleibt.

Zur Restaurierung: H. J. Plenderleith, The Conservation of Antiquities and Works of Art (London 1956). G. Mazanetz, Erhaltung
und Wiederherstellung von Bodenfunden. Wiener Schriften 3 (1955);
12 (1960).

„Reiter Rampin" (Abb. 6): O. Rayet, Études d'archéologie et d'art
(Paris 1888), 339 ff. Ch. Picard, Manuel d'archéologie grecque. La
Sculpture I (1935), 607 f. American Journal of Archaeology 40, 1936,
262 f. (Bericht über die Entdeckung H. Paynes'). H. Schrader (Hrg.),
Die Archaischen Marmorbildwerke von der Akropolis (1939), 212 ff.
(mit Literatur). H. von Roques de Maumont, Antike Reiterstandbilder (1958), 7 ff.
Kopf in Istanbul: Samos XI: B. Freyer-Schauenburg, Bildwerke der archaischen Zeit und des strengen Stils (1974) 88 ff. Nr. 47.
Parthenon: Für die Geschichte des Bauwerks und seiner Skulpturen
unersetzlich ist A. Michaelis, Der Parthenon (1871). Eine Einführung gibt J. Baelen, Chronique du Parthénon (Paris 1956). Zu Giebeln und Metopen jetzt Fr. Brommer, Die Skulpturen der Parthenon-
Giebel (1963). Ders., Die Metopen des Parthenon (1967). Über diese
beiden Bücher findet man auch die ältere Literatur. Zu Ciriaco de'
Pizzicolli (Cyriacus von Ancona) vgl. die S. 29 genannten Schriften.
Nur in der Bibliographie sei auf die zahlreichen Bemühungen verwiesen, die über verschiedene Museen verstreuten Fragmente antiker
Gefäße wieder zusammenzuführen, z. B. J. D. Beazley, Campana-
Fragments in Florence (London 1933). E. Kunze, disjecta membra
attischer Grabkratere, in: Ἀρχαιολογικὴ Ἐφημερίς 1953/54 I (Athen
1955), 162 ff. Corpus Vasorum Antiquorum France 18. Musée du
Louvre 11 (F. Villard).

Die Wiederherstellung eines Denkmals ist nicht möglich ohne die
Hilfe der Erklärung, Zeitbestimmung und stilistischen Einordnung der
Denkmäler. Gerade die angeführten drei Beispiele zeigen, daß es
Archäologen und nicht Techniker waren, die zur Wiederherstellung
beigetragen haben und daß sie dies nur deswegen konnten, weil sie

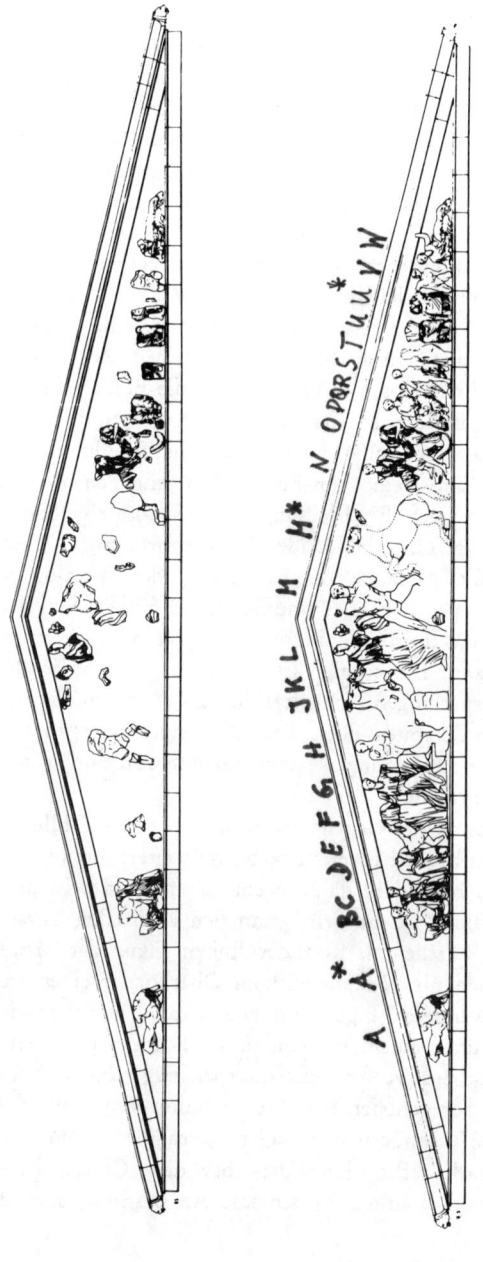

Abb. 7 Westgiebel des Parthenon. Oben: Bestandszeichnung der erhaltenen Skulpturen.
Unten: Rekonstruktion (nach: F. Brommer, Die Skulpturen der Parthenon-Giebel, 1963, Tafel 152)

die methodischen Voraussetzungen besaßen, vor allem die Kenntnis der Formensprache der betreffenden Phase antiker Kunstgeschichte und des Motivrepertoires, über welches diese verfügte. Daß jede Rekonstruktion neben ihrem hypothetischen Charakter notwendig auch den Stempel der eigenen Entstehungszeit tragen muß, versteht sich von selbst, aber „ein Haltmachen bei Fragmenten wäre größerer Selbstbetrug als die mißlungenste Rekonstruktion" (Buschor, Handbuch der Archäologie I, 1939, S. 7).

Dieselben methodischen Voraussetzungen gelten auch für jenen Schritt in der wissenschaftlichen Behandlung der Denkmäler, der zu Recht als erste Aufgabe bezeichnet worden ist: „die Feststellung der äußeren Erscheinung und des augenblicklichen Zustandes" (Bulle, Handbuch der Archäologie I, 1913, S. 16), die Beschreibung, die nach den Worten H. Bulles „bereits die volle Kunst und Erfahrung erfordert, wie sie nur durch wissenschaftliche Schulung und Übung erlangt wird". Eine Reihe von äußerlichen Angaben, die gleichwohl in keiner sorgfältigen Beschreibung eines Denkmals fehlen dürfen, stehen am Anfang: Material, Maße, Aufbewahrungsort (Museum oder Privatbesitz, mit Angabe von Inventar- oder Katalog-Nummer), Herkunft (und gegebenenfalls Fundumstände), frühere Veröffentlichungen, in denen das Denkmal besprochen oder abgebildet wird, und Erhaltungszustand. Schon hier ist ein hohes, durch Erfahrung geschultes Urteilsvermögen erforderlich, etwa um modernere Überarbeitungen zu erkennen oder, bei einer modern ergänzten Statue, das Ausmaß der Ergänzungen sicher abzugrenzen und wenn möglich historisch einzuordnen.

Die Beschreibung des Gegenstandes nach Form und bildlicher Darstellung schließlich wird bereits Ergebnisse weiterführender Methoden vorwegnehmen, besonders dann, wenn sie für ein wissenschaftliches Publikum bestimmt ist. So wird man den kolossalen Torso „L" im Westgiebel des Parthenon, Rest der linken Figur der Mittelgruppe, kaum beschreiben als „Fragment vom Oberkörper einer weiblichen, nach rechts gewendeten Figur, mit einem dünnen, faltenreichen Gewand und darüber einem glatten, unten bogig begrenzten, an den Spitzen mit Löchern versehen, schärpenartig schmalen Kleidungsstück, das von der gehobenen rechten Schulter schräg über die Brust herabgeführt ist", sondern eher sagen: „Fragment vom Oberkörper der Athena, nach rechts gewandt; über dem Chiton ist von der gehobenen rechten Schulter die schmale Aegis schräg über die Brust geführt." Ebenso wird man das Gegenstück der Gruppe nicht als „Oberkörper eines nackten, nach rechts geneigten, offenbar nach links wieder zurückgewandten Mannes mit erhobenem rechtem, gesenktem linkem Arm" ansprechen, sondern als „Oberkörper des Poseidon", und dann das Bewegungsmotiv beschreiben. Im ersten Falle ergab sich die Benennung des Skulpturenfragments aus antiquarischer Beobachtung, da aus der ikonographischen Tradition der Antike bekannt ist, daß eine so bogig gezackte „Schärpe" eine Form der Wiedergabe der Aegis ist, jenes mit Schlangenköpfen oder -halbleibern verzierten Ziegenfells, das zum fast kanonischen Attribut der Athena geworden ist. Auch diese Schlangen-„Protomen" lassen sich aus dem Befund erschließen: sie waren aus Bronze gearbeitet und in jene Bohrlöcher eingesetzt, die zwischen den Einziehungen der Aegis deutlich zu erkennen sind. Es ist möglich, neben dem schon durch das Attribut gekennzeichneten Torso der Athena auch den nicht weiter charakterisierten männlichen Oberkörper zu identifizieren: Unter den hinsichtlich des Bewegungsmotivs verhältnismäßig treuen Zeichnungen von Jacques Carrey ist auch eine des Westgiebels. Zu seiner Zeit war die Mittelgruppe noch fast vollständig erhalten, und die beiden Fragmente lassen sich an Hand der Zeichnung zweifelsfrei als die der Mittelgruppe wiedererkennen, das erstgenannte als zur links von der Mitte angeordneten Athena gehörig, das zweite als die Brust des nach rechts schreitenden, aber wie die Athena zur Mitte zurückgewandten mächtigen bärtigen Widersachers der Göttin. Auch für die Athena bedürfte es also nicht des Attributs, das übrigens auch Carrey gezeichnet hat. Schließlich überliefert Pausanias, Reiseschriftsteller der römischen Kaiserzeit, wenn auch nicht die Einzelheiten, so doch das Thema der Darstellung des Westgiebels: „was im Westgiebel dargestellt wird, ist der Streit des Poseidon gegen Athena um das Land (von Attika)" (Pausanias Buch I, Kap. 24, 5), dieses eine Lokalsage Athens, über die wiederum von anderen Schriftstellern ausführlicher berichtet wird. Die Carrey'sche Zeichnung ermöglicht die zweifelsfreie Einordnung des Torsos in den Zusammenhang des Giebels, unabhängig von der Deutung oder Benennung. Diese ergibt sich erst aus der Verbindung mit der Nachricht des Pausanias und der motivischen Zusammengehörigkeit des männlichen Torsos mit dem der Athena, die ihrerseits die Nachricht des Pausanias bestätigt und dahingehend präzisiert, daß der „Streit des Poseidon gegen Athena" in der Giebelmitte dargestellt war. Nach diesem Vorgang ist nun auch für den männlichen Oberkörper die abgekürzte, vorwegnehmende Beschreibung gerechtfertigt: nicht „Oberkörper einer männlichen Gestalt, in der ... (aus den angeführten Gründen)... Poseidon zu erkennen ist", sondern „Oberkörper des Poseidon" (vgl. Tafel 4).

Ebensowenig, wie eine Abbildung die Beschreibung ersetzen kann, ist auch diese ohne Abbildung unvollständig. Das Problem der bildlichen Dokumentation wird selten öffentlich diskutiert. Das bedeutet jedoch keineswegs, daß es von zweitrangiger Bedeutung wäre. Jede Abbildung, sei es eine Zeichnung oder eine Photographie, ist nicht anders als die Beschreibung eine „Transposition" des abgebildeten Gegenstandes in ein anderes Medium und damit subjektiv beeinflußt. Und obgleich bei einem Gipsabguß die originalen drei Dimensionen bis auf ein ganz geringes Maß der Abweichung erhalten bleiben, ist auch dieser eine solche Transposition. Schon aus diesem Grunde ist die unmittelbare Anschauung des Originals nicht zu ersetzen. Daß allerdings auch hierbei das Sehvermögen einer wissenschaftlichen Schulung bedarf, und daß der Sehakt selbst nicht unbefangen bleibt, sondern durch methodische Voraussetzungen bestimmt wird und werden muß, ist zu Recht immer wieder betont worden. Die Praxis der wissenschaftlichen Arbeit und ebenso die Lehre bleiben jedoch auf die Reproduktionen angewiesen, sind erst durch sie überhaupt möglich. Sie werden durch die Mängel der verschiedenen Wege der Reproduktion um so weniger beeinträchtigt, je mehr man sich dieser besonderen Voraussetzungen bewußt bleibt. Auch hat gerade in den letzten Jahrzehnten die Technik der Abbildung ganz außerordentliche Fortschritte gemacht, und eine Anzahl guter Photographien aus verschiedenem Blickwinkel und bei verschiedenem Lichteinfall kann und muß für eine Reihe von Fragestellungen die Anschauung des Originals ersetzen. Aber obwohl die technischen Möglichkeiten dazu gegeben sind und auch die Notwendigkeit allgemein empfunden wird, verfügt die Archäologie noch keineswegs über eine vollständige, technisch befriedigende und jedermann leicht zugängliche Dokumentation des vorhandenen Denkmälerbestandes, ja nicht einmal für die in der Forschung immer wieder behandelten und wichtigeren Werke der Antike.

Einer der ersten Kataloge mit vorbildlicher wissenschaftlicher Beschreibung der behandelten Skulpturen war derjenige von O. Benndorf — R. Schöne, Die antiken Bildwerke des Lateranischen Museums (1867). Dem gleichen Standard ist auch das Katalogwerk Die Skulpturen des

Vaticanischen Museums (Band I, 1903 bis Band III 2, 1956) durch seine
Verfasser W. Amelung und G. Lippold verpflichtet. Auf dem Gebiet
der griechischen Vasenmalerei vgl. an älteren Katalogwerken vor allem
A. Furtwängler — K. Reichhold, Griechische Vasenmalerei
(1900 ff., drei Bände sind erschienen), an jüngeren die Bände des Corpus
Vasorum Antiquorum (die freilich sehr unterschiedlich sind).
Ergänzungen: H. Ladendorf, Antikenstudium und Antikenkopie
(2. Aufl. 1958), 55 ff. (mit reichen Literaturangaben).
Für die Aufgaben der Erklärung vgl. unten S. 97 ff.
Zum Thema „Abbildung": G. Rodenwaldt, Ein photographisches
Problem, Archäol. Anzeiger 1935, 353 ff. W. Züchner, Über die
Abbildung. 115. Winckelmannsprogramm Berlin (1959).
Die wichtigsten Archive verkäuflicher Photographien sind: Fratelli
Alinari, Florenz; Photographie Giraudon, Paris; Bildarchiv Foto Marburg; Photoabteilung des Deutschen Archäologischen Instituts, Röm.
Abteilung. Daneben besitzen alle größeren Museen ihre eigenen Photoarchive.

V. ZEITBESTIMMUNG.
ABSOLUTE UND RELATIVE CHRONOLOGIE

Die wissenschaftliche Aufgabe, welche sich an die Wiedergewinnung und die Wiederherstellung eines Denkmals methodisch anschließt, ist seine Zeitbestimmung (oder „Datierung"). Nur sie ermöglicht die Einordnung in den Ablauf des historischen Geschehens und wird damit zur Grundlage für jede weitere Interpretation, sei es eines einzelnen Werkes, sei es einer Gruppe von Denkmälern, die wegen ihrer Fundvergesellschaftung oder aus anderen Gründen eine Betrachtung im Zusammenhang erfordern. Je nach der gestellten Frage wird das Denkmal oder die Denkmälergruppe dadurch, daß seine Entstehungszeit bestimmt ist, zum geschichtlichen Zeugen für eine Phase innerhalb der Formentwicklung (bzw. des Formenwandels) oder für die Ideen und Vorstellungen, die in einer Epoche wirksam waren und in Werken der bildenden Kunst und des Handwerks ihren dinglichen Ausdruck fanden. In dem Maße, wie die Zeitbestimmung des Denkmals auf die an ihm selbst ablesbare bildliche bzw. formale Verwirklichung einer historischen Situation zunächst keine Rücksicht zu nehmen braucht, also vielmehr aus äußeren Gründen vorgenommen werden kann, in demselben Maße ist sie frei von der einschränkenden Belastung durch subjektive Beurteilung oder einen noch mangelnden Stand methodischer Kenntnisse. Ein auf solche Weise von der Interpretation des Denkmals selbst entweder ganz oder wenigstens teilweise unabhängig datiertes Werk ist entsprechend seiner eigenen Bedeutung Ausgangspunkt für die Komposition des Bildes, das wir vom Formenwandel und von der Vorstellungswelt einer bestimmten Epoche besitzen oder gewinnen wollen.

Die Einfügung der Entstehungszeit eines Denkmals in das chronologische Gerüst unserer heutigen Zeitrechnung ist das Ziel des Bemühens um eine „absolute Datierung". Wenn wir auch Daten vor Beginn der christlichen Ära in absoluten Zahlen angeben können, mit dem Zusatz „v. Chr.", so ist dies das Verdienst des Dionysius Exiguus, der 532 n. Chr. die Zeitrechnung „ab incarnatione Domini" als System begründete und die Systeme der antiken Zeitrechnung mit ihr verband. Dieser Weg steht jedoch dem Archäologen nur in ganz wenigen Fällen offen. Nur selten ist ein Denkmal durch eine Inschrift fest innerhalb eines der antiken Zeitrechnungssysteme datiert oder läßt sich mit historisch genau fixierten Nachrichten verknüpfen, die auf andere Weise überliefert sind. Auch die naturwissenschaftlichen Methoden der Altersbestimmung helfen nicht weiter. Sie lassen sich einerseits nur unter bestimmten technischen Voraussetzungen anwenden und liefern andererseits zwar von der Interpretation des Denkmals weitgehend unabhängige aber bisher meist noch zu ungenaue Datierungen. Sehr viel häufiger bleibt allein die Möglichkeit, ein „früher" oder „später" festzustellen, das Denkmal also aus seiner Beziehung zu anderen Denkmälern oder auch Nachrichten zu datieren. Diese „relative Chronologie" kann methodisch soweit erhärtet werden, daß ihr innerhalb des eigenen Systems ein hoher Grad an Verbindlichkeit zukommt; die sichere Einordnung in das historische Geschehen ist jedoch nur dann möglich, wenn es gelingt, zu den Festpunkten der „absoluten Chronologie" eine Verbindung herzustellen.

Beispiele zur absoluten Chronologie: Die Namen der attischen Archonten (jeweils für ein Jahr gewählte Beamte) und damit festliegende Zeitangaben, die sich in Jahreszahlen der christlichen Ära umrechnen lassen, sind auf einem Grabrelief des athenischen Friedhofes vor dem Dipylon aufgezeichnet. Die Inschrift besagt, daß das Grabmal für den bei Korinth im Kampf gefallenen Krieger Dexileos aus Thorikos in Attika errichtet wurde, unter dem Archontat des Eubulides, d. h. im Jahre 394 v. Chr. Eine solche Angabe „unter dem Archontat" findet sich auch an dem mit einem Fries geschmückten, von Lysikrates als Weihgeschenk aufgestellten kleinen Rundbau östlich unterhalb der Akropolis von Athen: die Inschrift datiert dieses Denkmal in das Jahr 334 v. Chr. Auf ähnliche Weise bezeichnet etwa die Inschrift auf dem römischen Ehrenbogen in Benevent das Datum der Weihung des Monumentes, „als Traian zum sechsten Male das Consulat bekleidete", d. h. das Jahr 113/14 n. Chr. Zweifach verankert ist die Datierung des Ehrenpfeilers im Apollon-Heiligtum von Delphi, von dem die Blöcke, welche die Inschrift und den eine Schlacht darstellenden Fries tragen, erhalten sind. Die Inschrift berichtet, daß der Römer L. Aimilius als Imperator das Monument von König Perseus und den Makedonen „genommen", d. h. okkupiert habe. Schon in diesem lapidaren Wortlaut ist eine Zeitbestimmung enthalten, und zwar ein „terminus ante quem", für den Akt der

Okkupation. Der Titel Imperator konnte römischen Feldherren nach
einer siegreichen Schlacht von den Soldaten seiner Armee verliehen
werden, eine besondere Ehre, deren Ursprung anscheinend im religiösen Bereich wurzelt, und die gelegentlich vom Senat in Rom
offiziell bestätigt worden ist. Mit dem Triumph aber mußte der
Feldherr diesen Titel wieder ablegen. Da die römischen Triumphal-
listen in großer Vollständigkeit erhalten sind, wissen wir das genaue
Datum des Triumphes, den L. Aimilius, genannt Paullus, anläßlich
des Sieges über Perseus und Makedonien feierte: den 29. November
des Jahres 586 der römischen Stadtära, „ab urbe condita", was dem
Jahre 167 v. Chr. entspricht. Die obere zeitliche Grenze ist der Sieg
selbst, der in der Schlacht bei Pydna erfochten wurde. Im Anschluß
an diesen Sieg, so berichtet Plutarch, habe L. Aimilius auf einer Reise
durch Griechenland in Delphi die Anordnung getroffen, den noch
unfertigen, vom König Perseus begonnenen Ehrenpfeiler in ein Denkmal für sich selbst umzuwandeln. Der „terminus post quem" ist
also der von anderen Autoren genauer überlieferte Tag der Schlacht
bei Pydna, der 22. Juni 168 v. Chr. Wieweit der „Perseus-Pfeiler"
zur Zeit des Besuches des L. Aimilius schon fertiggestellt war, läßt
sich nicht mehr mit Sicherheit ermitteln. Gewiß aber wird der Auftrag zur Umgestaltung in einen Ehrenpfeiler für den siegreichen Römer
sogleich erteilt worden sein. Die Vollendung des Denkmals, besonders des Friesreliefs, das fast vollständig erhalten ist, und der freilich
verlorenen Reiterstatue, welche es bekrönte, mag sich noch eine kleine
Weile hingezogen haben, jedoch kaum länger als ein bis zwei Jahre.
Ausschließlich durch die Verknüpfung literarischer und epigraphisch
aufgezeichneter Nachrichten mit monumentalen Zeugnissen datiert
ist eine griechische statuarische Gruppe, die im Original verloren
ist, von der sich jedoch eine Reihe Kopien aus römischer Zeit erhalten
haben. Eine auf der Insel Paros gefundene antike Chronik, das sog.
Marmor Parium, als deren Abfassungszeit aus ähnlich „äußeren Gründen" die Jahre 264/63 v. Chr. ermittelt werden konnten, berichtet
über die Aufstellung der Gruppe „213 Jahre vor Abfassung der
Chronik" „unter dem Archontat des Adeimantos", d. h. im Ge-
schäftsjahr 477/76 v. Chr. in der Zeitrechnung der Stadt Athen. Die
Gruppe, von den Bildhauern Kritios und Nesiotes geschaffen und auf
der Agora von Athen aufgestellt, feierte die Athener Harmodios
und Aristogeiton, die im Jahre 514 v. Chr. einen der Söhne des
Tyrannen Peisistratos, den Hipparchos, ermordet hatten, vermutlich

Abb. 8 Links: Weihgeschenk des Choregen (Chorführers) Lysikrates, Rekonstruktion (nach: K. Schefold, Klassisches Griechenland, 1965, Fig. 75).
Rechts: Ehrenpfeiler für L. Aimilius in Delphi, Rekonstruktion (nach:
    H. Kähler, Rom und seine Welt. Erläuterungen, 1960, Abb. 40)

bei dem Versuch, die Stadt vom Regiment der Tyrannen zu befreien.
Schon nach deren endgültigem Sturz im Jahre 510 v. Chr. waren sie
durch eine Statuengruppe von der Hand des Bildhauers Antenor
geehrt worden. Xerxes hatte diese Gruppe nach der Eroberung Athens

im Jahre 480 v. Chr. nach Persepolis bringen lassen, so daß ein Ersatz notwendig wurde. Kopien dieser zweiten Tyrannenmörder-Gruppe, die außer im Marmor Parium noch in andern antiken Schriftzeugnissen erwähnt wird, hat C. Friederichs 1859 in zwei römischen Statuen erkannt, welche sich im Museum von Neapel befinden, aber schon Anfang des 16. Jahrhunderts in Rom gezeichnet und sicher dort gefunden wurden. Die Identifizierung, die sich im Verlaufe der vergangenen hundert Jahre glänzend bestätigt hat und seit langem als gesichert gelten kann, war dadurch vorbereitet, daß O. M. von Stackelberg schon vorher in den Beizeichen athenischer Münzen hellenistischer Zeit und in dem Relief eines Marmorthrones aus Athen Abbildungen der Gruppe erkannt hatte. Seitdem sind weitere statuarische Wiederholungen bekannt geworden. Vasenbilder schon des 5. Jahrhunderts, die von der Gruppe beeinflußt sind oder sie nachbilden, zeugen von ihrer Bedeutung für die Kunstgeschichte der ersten Hälfte des 5. Jahrhunderts v. Chr. Es bildete eine willkommene Bestätigung, als im Zerstörungsschutt der 480 v. Chr. von den Persern eroberten Akropolis eine Jünglingsstatue gefunden wurde, welche, ein griechisches Original, die Handschrift der gleichen Meister zu verraten schien. In der Archäologensprache wurde sie alsbald mit dem Namen „Kritios-Knabe" belegt. Dessen Datierung, in die Jahre kurz vor 480 v. Chr., war durch die Fundlage ebenfalls verhältnismäßig gut gesichert. Seitdem haben eine Reihe von auf der Akropolis gefundenen Statuenbasen mit der Inschrift derselben Künstler das Bild abrunden helfen, das man auf Grund der erhaltenen bzw. kopierten Skulpturen gewonnen hatte.

Unter den naturwissenschaftlichen Methoden zur Gewinnung einer absoluten Chronologie ist die Radio-Carbon-Datierung am bekanntesten. Sie beruht auf der Einlagerung des radioaktiven Kohlenstoffes C-14 in organische Substanzen und auf der Tatsache, daß dieser Prozeß mit dem Absterben des Lebewesens (Pflanze, Tier oder Mensch) abbricht und von hier ab der Zerfall des Isotops einsetzt. Da seine Halbwertzeit ziemlich genau bekannt ist — sie wird meist mit 5568, 5589 oder, neuerdings, mit 5730 Jahren angegeben —, kann das Alter einer organischen Substanz damit in absoluten Zahlen, vom Tage der Untersuchung an zurückgerechnet, bestimmt werden. Allerdings sind bis jetzt die Fehlerquellen noch groß und mannigfaltig, auch ist bisher eine präzise und allgemein verbindliche Halbwertzeit nicht ermittelt worden: so ist ein mittlerer Altersfehler von etwa ± 100 Jah-

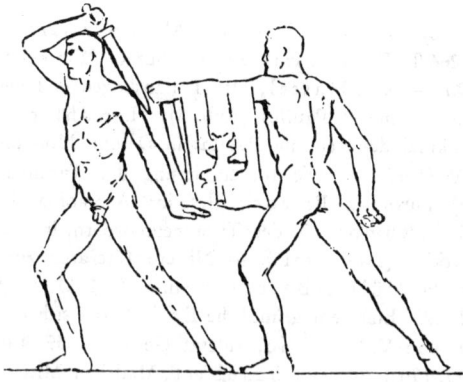

Abb. 9 Gruppe der Tyrannenmörder, von Kritios und Nesiotes, Rekonstruktion (nach: K. Schefold, Klassisches Griechenland, 1965, Fig. 4; die Anordnung der beiden Figuren auf der gemeinsamen Basis ist nicht gesichert)

ren vor und nach dem ermittelten Datum die Regel und damit jedenfalls in historischer Zeit die Ungenauigkeit fast immer größer als bei der Datierung nach den Methoden der relativen Chronologie. Erst ein Vielfaches der bisher durchgeführten Untersuchungen wird hier wie auch bei anderen Methoden, etwa der Jahresring-Chronologie der Hölzer, der Datierung nach der Kernspuren-Methode oder derjenigen durch Bestimmung des sog. Archaeomagnetismus zur Vervollkommnung führen.

Schrifttum zur Chronologie hat H. Bengtson, Einführung in die Alte Geschichte (4. Aufl. 1962) 31—34 zusammengestellt; die jüngste Darstellung der antiken Zeitrechnung jetzt in Realenzyklopädie der klassischen Altertumswissenschaft Bd. IX A 2 (1967) s. v. Zeitrechnung I. Ägypten, Sp. 2338 ff. (R. Böker), II. Bei den Griechen und Römern, Sp. 2455 ff. (W. Sontheimer). Aus der Sicht der Vor- und Frühgeschichte geschrieben, aber für den Archäologen nicht minder nützlich ist der Abschnitt „Absolute Chronologie" bei H. J. Eggers, Einführung in die Vorgeschichte (1959, mit reicher Bibliographie).
Zum Grabmal des Dexileos (Taf. 3): A. Conze, Die attischen Grabreliefs (1893—1922), 1158 Taf. 248. T. Dohrn, Attische Plastik vom Tode des Phidias bis zum Wirken der großen Meister des 4. Jhdts. v. Chr. (1957), 127 ff. Taf. 12. B. Schlörb, Untersuchungen zur Bildhauergeneration nach Phidias (1964), 62. Die wenige ältere Literatur zum Lysikrates-Denkmal (Abb. 8) zusammengestellt von H. Riemann

in: Realenzyklopädie der klassischen Altertumswissenschaft, Suppl. VIII
(1956), 266 ff. Dazu F. Hiller, Marburger Winckelmann-Programm
1961, 29 f. — F. J. Hassel, Der Traiansbogen in Benevent (1966) —
Pfeiler des Aemilius Paullus (Abb. 8): H. Kähler, Der Fries vom
Reiterdenkmal des Aemilius Paullus in Delphi. Monumenta Artis Romanae V (1965). — Die Identifizierung der Tyrannenmördergruppe
(Abb. 9) durch C. Friederichs in: Archäologische Zeitung 17,
1859, 66. A. Rumpf, Zu den Tyrannenmördern, in: Festschrift Eugen
von Mercklin (1964), 131 ff. — Neuere Literatur zur Radiocarbon-
Methode: H. Müller-Beck, Germania 39, 1961, 420 ff. und ebenda
40, 1962, 125. Eine sehr gründliche Kritik findet sich in den Veröffentlichungen von V. Miloičić, zuletzt Germania 39, 1961, 434 ff. und
ebenda 43, 1965, 261 ff. H. Schubart, Madrider Mitteilungen 6, 1965,
11 ff. — Kernspuren-Methode: W. Herr — J. Kaufhold, Jahrbuch
der Universität zu Köln 1966, 116. Im übrigen vgl. oben S. 54.

Die relative Chronologie gibt im Gegensatz zur absoluten Chronologie das Alter eines Denkmals nicht in absoluten Zahlen unserer
Zeitrechnung an, sondern im Verhältnis zu anderen Denkmälern. Sie
gibt an, ob und um welche Zeitspanne etwa ein Denkmal A früher
oder später ist als ein Denkmal B. In der Praxis der Wissenschaft
sind solche Daten oft unhandlich, und gegenüber vorsichtigen For-
mulierungen wie „etwa eine Generation früher (später) als ..." finden
sich in der Literatur häufiger solche wie „bald nach 480 v. Chr."
oder, kürzer „480—470 v. Chr.". Das hat oft gute Gründe, denn
die Methoden der relativen Zeitbestimmung haben zu Ergebnissen
geführt, die, in ihren Grenzen verstanden, ein erstaunlich dichtes und
auch gesichertes Bild der antiken Kunstgeschichte vermitteln. Und aus
der Verbindung mit absolut oder annähernd sicher datierten Denkmälern haben sich solche Datierungen der relativen Chronologie auch
in hohem Maße bestätigen lassen. Das hat sogar dahingeführt, daß
in der Forschung gelegentlich auch nur relativ datierte Denkmäler
wieder zum Festpunkt einer relativ-chronologischen Reihe genommen
werden. Trotzdem wird leicht vergessen, daß solche Daten auf Verabredung, auf der stillschweigenden Ausklammerung von Unsicher-
heitsfaktoren beruhen, wie etwa dem individuellen Einfall und der
Erscheinung des Unzeitgemäßen in der Kunst.

Es sind mehrere Wege, die zur Ermittlung der relativen Chronologie führen. Sie bedingen und ergänzen sich wechselseitig. Die Stratigraphie als eines der Ergebnisse der Ausgrabungstätigkeit ist be-

sonders für einige Klassen der antiken Keramik, aber auch für andere Denkmäler-Gruppen des Kunsthandwerks das entscheidende Hilfsmittel für deren Chronologie geworden. Die stratigraphische Methode arbeitet auf der Grundlage der natürlichen Tatsache, daß innerhalb einer Siedlung die übereinander angetroffenen Schichten (Strata, Straten) in der Regel, d. h. wenn keine Störung festgestellt wird, ein zeitliches Nacheinander in der Geschichte der Siedlung anzeigen. Die Schichten entsprechen Besiedlungsphasen, die durch besondere Ereignisse wie Brand, Überschwemmung oder einfach zeitweiliges Verlassen der Siedlung (oder eines Siedlungsteiles) historisch gegeneinander abgesetzt und auch im Boden voneinander getrennt sind, durch Schichten von Asche, Schutt, Flußgeröll oder Humus. Die Siedlungsschichten wie die Zerstörungsschichten können von ganz unterschiedlicher Mächtigkeit sein, je nach Ursache und Ort ihres Entstehens. Ein Verlassen der Siedlung für einige Jahre wird manchmal nur wenige Zentimeter Flugerde auf die Oberfläche bringen, eine Überschwemmung dagegen kann in kürzester Zeit Schlamm und Geröll bis zu einem Meter und mehr auftragen. Ebenso bleibt das Niveau etwa innerhalb eines Gebäudes oder eines gepflasterten Platzes, solange keine Umbauten erfolgen, konstant, wächst dagegen in der Nähe einer Abfallhalde schon in kurzer Zeit beträchtlich. So ist aus der großen oder geringen Mächtigkeit der Schichten einer Siedlung vor einer kritischen Prüfung keinerlei Anhalt zu gewinnen für die Zeitspanne, in der sie entstanden sind. Gesichert ist nur — nach Ausklammerung der Störungen durch Fundamentgräben, Planierungen etc. — das relative Nacheinander, die Abfolge der Schichten. Die Auswertung der Stratigraphie erfolgt durch die Interpretation des Fundgutes, welches aus den Siedlungsschichten geborgen wird. Fundstatistik und Einzelbeobachtung der Formen ermöglichen einerseits Aussagen über die Zugehörigkeit bestimmter Fundtypen zu bestimmten Schichten, andererseits geben sie Aufschlüsse darüber, ob zwischen dem Fundgut aneinander anschließender Schichten tatsächlich in Zusammensetzung oder Formenschatz wesentliche Unterschiede bestehen — die auf einen auch chronologisch faßbaren Unterschied hindeuten — oder nicht. Zu einiger Sicherheit gelangt das gewonnene System erst durch den Vergleich mit anderen, benachbarten oder kulturgeschichtlich verwandten Fundplätzen in der „vergleichenden Stratigraphie", wenn die gleichen oder ähnlichen Fundtypen in derselben Abfolge sich an verschiedenen Stellen wiederholen.

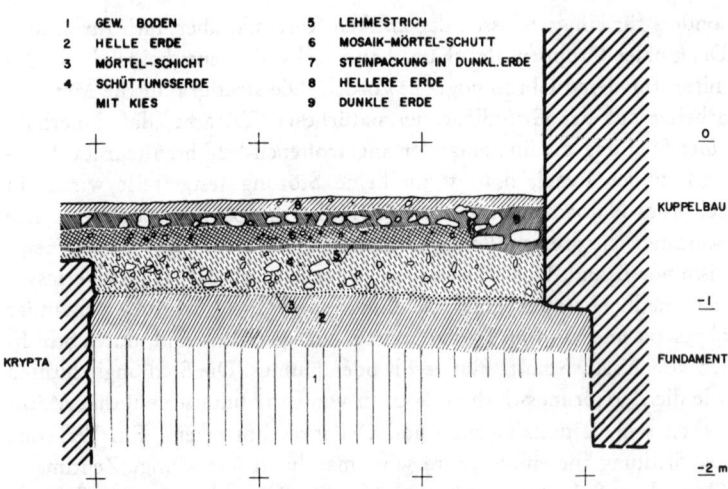

Abb. 10 Graphische Darstellung des Profils eines Grabungsschnittes. Das abgebildete Beispiel zeigt die Schichtenfolge im spätantiken Kuppelbau von Centcelles (Tarragona); wichtig der durch die dünne Mörtelschicht (3) angedeutete Bauhorizont und über dem mittelalterlichen Lehmestrich (5) die Zerstörungsschicht (6) mit Resten der Mosaikverkleidung des Kuppelraumes (nach: Th. Hauschild-H. Schlunk, Vorbericht über die Arbeiten in Centcelles, Madrider Mitt. 2, 1961, 119 ff. Abb. 8, vgl. besonders 161 ff.)

Wie die stratigraphische, so ist auch die typologische Methode zuerst von der Vorgeschichte entwickelt worden und ließe sich am ehesten mit Beispielen aus jenem Bereich erläutern. Ihre Grundlage ist der Entwicklungsbegriff, der im vergangenen Jahrhundert, ausgehend von der 1859 erschienenen Untersuchung Charles Darwins „Über die Entstehung der Arten durch natürliche Zuchtwahl" auf die Geisteswissenschaften tief eingewirkt hatte. Als Begründer der typologischen Methode darf der schwedische Prähistoriker O. Montelius gelten, der sie als erster am konsequentesten ausgebaut und angewandt hat. Sie geht von der Beobachtung aus, daß das handwerkliche Gerät in seiner jeweiligen Ausprägung von natürlichen Entwicklungsgesetzen bestimmt ist: „es ist im übrigen wunderbar, daß der Mensch bei seinen Arbeiten dem Gesetze der Entwicklung unterworfen gewesen ist und unterworfen bleibt ... Die Entwicklung kann langsam oder schnell verlaufen, immer ist aber der Mensch bei seinem Schaffen von neuen Formen genötigt, demselben Gesetze der Entwicklung zu folgen, das für die übrige Natur gilt" (O. Montelius, Die Methode, in: Die älteren Kulturperioden im Orient und in Europa I, Stockholm 1903). Die Entwicklung der Form gewisser Gerättypen wie Beil, Schwert und Fibel diente Montelius zur Demonstration der typologischen Methode, die seither in der Vorgeschichtsforschung unangefochten ihren Platz behauptet hat. In der Tat legen gerade Geräte eine solche Interpretation nahe. Die für ihre Ausbildung bestimmenden Prinzipien, technische Verbesserung bis zur Vollkommenheit auf der einen, natürliches Schmuckbedürfnis auf der anderen Seite, führen unter dem Einfluß des gerade im handwerklichen Bereich besonders zählebigen Traditionalismus zu einem langsamen, allmählichen, durch gelegentliche revolutionierende Neuerungen unterbrochenen Formenwandel, der sich als typologische Reihe darstellen läßt. H. J. Eggers hat mit Recht darauf hingewiesen, daß sich ähnliches selbst an den modernen Industrieformen, etwa im Automobilbau, beobachten läßt.

Die Richtung einer typologischen Reihe liegt nicht immer von vornherein fest, die Reihenfolge ist in vielen Fällen theoretisch umkehrbar. Es gibt jedoch „Beweise" für die Richtung einer Reihe. Schon die Typenreihe selbst kann einen solchen Beweis beisteuern, wenn etwa ein Formelement, das ursprünglich eine ganz bestimmte Funktion im Gerätzusammenhang besaß, diese im Laufe der Entwicklung verlor, aber aus Unverständnis für die ursprüngliche Funktionsbedingtheit als „Ornament" beibehalten wird. Beispiele hierfür sind bisher vor allem in der griechischen Sakralarchitektur festgestellt worden, wo Zierformen im Marmorgebälk wie etwa die „Tropfen" (guttae) unter dem Metopen-Triglyphen-Band der dorischen Bauordnung funktional bestimmte Elemente, in diesem Falle Holz- oder Bronzestifte, aus der voraufgegangenen (freilich nicht erhaltenen) Holzarchitektur nachahmen und als kanonisch gewordenes Ornament weiterführen. Es gibt sie auch in anderen Bereichen: zu den Importstücken aus dem Vorderen Orient gehören halb Menschen-, halb vogelgestaltige Kesselappliken des 7. Jahrhunderts v. Chr., die in der Fachsprache meist als „Assur-Attaschen" bezeichnet werden. Sie tragen auf ihrem Rücken in einer Öse einen Ring. Immer zwei solcher Attaschen gehörten zu einem Kessel, und durch die hochgestellten Ringe konnte man an einer hindurchgesteckten Stange auch schwere Kessel tragen. Griechische Bronzebildner begannen bald, den fremdländischen Import zu imitieren, da diese Kessel gerade als Weihgeschenke in den

Heiligtümern sich großer Beliebtheit erfreuten. Hier aber bestand keine Notwendigkeit mehr, die Kessel zu tragen, und so fehlen bei den griechischen Appliken, die den „Assur-Attaschen" nachgebildet sind, die Ringe — nicht aber die Öse. Diese wird nun als geschlossener Knubben gebildet und ist zum Ornament geworden.

In der Praxis häufiger und von größerer Bedeutung für die Ermittlung typologischer Reihen ist die Fundvergesellschaftung mit parallel sich entwickelnden Reihen, sei es im Zusammenhang ungestörter Grabfunde, sei es innerhalb der Schichtenfolge einer Siedlung. Es bleibt in beiden Fällen die Unsicherheit, ob die Gegenstände, die zum gleichen Zeitpunkt in einem Grab oder auch etwa in einem Schatzdepot niedergelegt wurden, oder die in einer bestimmbaren kürzeren Zeitspanne in ein Stratum gerieten, ob diese Gegenstände auch zur gleichen Zeit entstanden sind. Je kostbarer ein Fundstück ist, desto mehr kann man daran zweifeln. Schmuck wird über Generationen vererbt, ebenso teures Gerät. Die Mehrzahl der Funde ist jedoch kurzlebig. Tongeschirr ist empfindlich und wird innerhalb einer Generation mehrmals ersetzt. So ergab sich bei der sorgfältigen Interpretation des Fundgutes aus dem prächtig ausgestatteten keltischen Fürstengrab von Vix, daß die griechischen Importstücke in ihrer Datierung sich um etwa eine Generation unterscheiden. Der große, mit reichem figürlichem und ornamentalem Zierrat versehene Prachtkrater aus Bronze ist das älteste griechische Fundstück aus diesem Grab und etwa in die Jahre um 550, wenn nicht früher zu datieren, während einige bescheidenere Erzeugnisse griechischer Töpferkunst, zwei attische Trinkschalen, sehr viel später, nämlich kurz vor der Jahrhundertwende entstanden sind. Erst durch die Interpretation einer Vielzahl von vergleichbaren Befunden entsteht auf dem Wege der typologischen Methode das gesicherte System eines geschichtlichen Ablaufes, einer formalen Entwicklung innerhalb der verschiedenen Denkmälergruppen. Innerhalb kürzerer Abstände läßt sich sogar die Zeitspanne abschätzen, die zwischen den einzelnen Entwicklungsstufen liegt.

Übersicht über mehrere Systeme relativer Chronologie: R. W. E h r i c h (Hrsg.), Chronologies in Old World Archaeology (Chicago 1965). H. L. T h o m a s , Near Eastern, Mediterranean and European Chronology (Lund 1967). Zur Stratigraphie vgl. die oben S. 58 f. gegebenen Hinweise. — Das Verhältnis von Steinarchitektur zu Holzarchitektur, besonders im griechischen Sakralbau, ist ein vieldiskutiertes

Problem; für das Gebälk sind die neueren Ableitungen von H. D r e - r u p, Gymnasium 62, 1955, 139 zusammengestellt. Vgl. noch die oben S. 18 genannten Handbücher. — „Assur-Attaschen": H.-V. H e r r m a n n, Olympische Forschungen Bd. VI (1966): Die Kessel der orientalisieren- den Zeit I, bes. S. 21—113. U. J a n t z e n, „Assurattaschen" von Samos: Antike Kunst 10, 1967, 91 ff. — Krater von Vix: R. J o f f r o y, La tombe de Vix, Monuments et Mémoires (Fondation Eugène Piot) 48, 1954 (die grundlegende Veröffentlichung). Einen kritischen Überblick über die zahlreiche seitdem erschienene Literatur bei M. G j ø d e s e n, Greek Bronzes: A Review Article, in: American Journal of Archaeology 67, 1963, 333 ff., bes. 335 ff.

Sichere Anhaltspunkte sind nötig, um das gewonnene Bild in die absolute Chronologie einfügen zu können: Entweder die Fundver- gesellschaftung mit fest datierten Denkmälern, wie Münzen oder In- schriften, oder aber der Vergleich mit solchen Denkmälern, die bereits aus anderem, außerhalb des jeweiligen Fundes liegendem Zusammen- hang datiert sind. Ein wichtiges Hilfsmittel ist auch die Verbindung einer bestimmten Fundsituation mit einem überlieferten historischen Ereignis. Die Zerstörung der Akropolis durch die Perser im Jahr 480 v. Chr., diejenige Olynth's durch Philipp von Makedonien im Jahre 349/48 v. Chr., die Gründung Alexandriens 332 v. Chr. oder die Plünderungen der Insel Delos in den Jahren 88 und 69 v. Chr., schließlich der Untergang der Vesuvstädte im Jahre 79 n. Chr. sowie das dort vorausgegangene Erdbeben 62 n. Chr. und viele ähnliche Daten sind für die Archäologen unentbehrlich geworden. Die wechsel- volle Geschichte der Truppenlager, Siedlungen und Städte der ger- manischen Rheingrenze, in Britannien und in den Donauprovinzen, deren Errichtung oder Auflassung oft auf das Jahr genau bekannt ist, wurde zur Grundlage für die absolute Chronologie der Keramik der römischen Kaiserzeit und damit auch für andere Denkmäler- gruppen dieser Gebiete. Die Datierung etwa der Porta Nigra, des besterhaltenen römischen Baues nördlich der Alpen, deren Ansatz bisher um etwa 250 Jahre zwischen 50 n. Chr. und etwa 300 n. Chr. schwankte, konnte vor kurzem auf Grund von keramischen Ein- schlüssen im Arbeitshorizont der Erbauungszeit verhältnismäßig genau auf das letzte Drittel des 2. Jahrhunderts n. Chr. eingegrenzt werden. Für die Chronologie der griechischen Kunstgeschichte zwischen 800 und 600 v. Chr. entscheidend sind die Funde aus den griechischen Kolonien in Unteritalien und Sizilien, deren Datierung an die von

Thukydides und bei anderen antiken Autoren überlieferten Gründungsdaten angeschlossen werden kann. Der Gewinn für die Gefäß-
typologie der antiken Keramik läßt sich an einem Beispiel, dem
protokorinthischen Aryballos, einem kleinen Salbfläschchen, verdeut-
lichen. Ausgehend von den Gründungsdaten der Städte Cumae
(750 v. Chr.), Syrakus (734 v. Chr.), Megara Hyblaea (728 v. Chr.),
Tarent (706 v. Chr.), Gela (690 v. Chr.), Lokroi (673 v. Chr.) und
Selinunt (628 v. Chr.) läßt sich in der Formenentwicklung der Aryballoi eine Abfolge von bauchigen über eiförmige zu birnenförmigen
Typen beobachten. Die bauchigen Aryballoi treten in den frühesten
Gräbern von Cumae, Syrakus und Megara auf, jedoch nicht mehr in
Tarent oder Gela, während hier die älteste Stufe durch die eiförmigen
Aryballoi repräsentiert wird. Diese finden ihre Fortsetzung in den
birnenförmigen, die dann vor allem für eine Übergangsphase charak-
teristisch sind, welche zur frühkorinthischen Keramik überleitet. Das
ganz geringfügige Vorkommen protokorinthischer Keramik in dem
bisher veröffentlichten Fundgut von Selinunt hat dazu geführt, ihr
Auslaufen um das Jahr 625 v. Chr. anzusetzen. Die so eingegrenzte
Zeit von etwa 750–625 v. Chr. ließ sich aufteilen in eine Epoche
der bauchigen Aryballoi von 750–700, eine solche der eiförmigen
von 700–650 und eine der birnenförmigen von 650–625. Diese starke
Schematisierung und Vereinfachung darf jedoch nicht darüber hinweg-
täuschen, daß es sehr wohl fließende Übergänge gibt und vor allem,
daß die Jahreszahlen nur äußerlich den Charakter von absoluten
Daten tragen. Schließlich sind auch die aus der antiken Geschichtsschreibung überlieferten Daten keineswegs so eindeutig, wie es nach
dem ersten Blick den Anschein hat. Im Gegensatz zu Thukydides
etwa überliefert Diodorus Siculus, ein Geschichtsschreiber des 1. Jahrhunderts v. Chr., z. T. abweichende Daten. Deren Überprüfung aber
könnte nur anhand der Keramik geschehen, welche in den jeweiligen
Städten gefunden worden ist. Damit gerät die Forschung jedoch in
einen gefährlichen Zirkelschluß, denn diese Keramik ist ja erst durch
die aus der antiken Geschichtsschreibung übernommenen Gründungsdaten chronologisch eingeordnet worden. Dem berechtigten Versuch,
den Besonderheiten der Entwicklung innerhalb der protokorinthischen
Keramik durch eine gegenüber dem angedeuteten Schema veränderte
und verfeinerte Chronologie Rechnung zu tragen, hat man daher mit
ebensolchem Recht entgegengehalten, daß „die exakten Zahlen dieser
und anderer vorgeschlagenen Chronologien den Anschein einer Ge-

Abb. 11 Protokorinthische Aryballoi. 1 bauchig, um 720 v. Chr., 2 eiförmig,
um 680/70 v. Chr., 3 eiförmig, um 650 v. Chr., 4 birnenförmig, um 640 v. Chr.
(nach: Notizie degli Scavi di Antichità 1895, 179 Abb. 78; American Journal
of Archaeology 1900, Tafel 5; K. Friis Johansen, Les Vases Sicyoniens,
Paris-Kopenhagen 1923, Tafel 21, 4. 36, 2)

nauigkeit erwecken, die noch gar nicht erreicht werden kann. Solche Verfeinerungen sind nützlich, wenn man sich bewußt ist, daß die gewonnenen Daten nur relativ sind..., mit anderen Worten, daß ihre Fixierung in Jahreszahlen vor Christi Geburt eine Sache der Verabredung bleibt" (T. J. Dunbabin, Ephemeris Archäol. 1953/54, II, 261).

Die Verfeinerungen, auf die angespielt wird, sind allerdings nicht durch die Typologie der Gefäßformen gewonnen worden. Gerade im Bereich der griechischen Keramik — diese Denkmälergruppe wird nicht zufällig meist mit dem Begriff „griechische Vasenmalerei" bezeichnet — sind im Gegensatz zur römischen Keramik typologische Untersuchungen erst verhältnismäßig spät in Angriff genommen worden, innerhalb der deutschsprachigen Literatur in größerer Ausführlichkeit zuerst durch H. J. Bloesch mit seiner 1940 erschienenen Studie über „Formen attischer Schalen". Das hat seinen besonderen Grund darin, daß ein großer Teil griechischer Keramik ornamentale und figürliche Bemalung zeigt und daß seit der Auffindung größerer Mengen griechischer bemalter Vasen eben dieser Teil, die Bemalung, im Mittelpunkt des wissenschaftlichen Interesses blieb. Die unverzierte Ware hat sich nur sehr allmählich die Legitimation als Forschungsgegenstand erwerben können.

Ornament und Bild erschließen sich eher der vergleichenden Stilkritik. Die hochentwickelte Stilforschung vermochte der Vasenmalerei ebenso wie anderen Denkmälergruppen für die chronologische Fragestellung Ergebnisse abzugewinnen, die über diejenigen der typologischen Methode weit hinausgehen.

Die Zerstörung der Akropolis von Athen ist vor allem im Zusammenhang mit der Baugeschichte vor und nach 480 v. Chr. diskutiert worden. Aus der neueren Literatur vgl. O. W a l t e r, Die Parthenonfundamente und das Delphische Orakel, Anzeiger der Akad. der Wiss. Wien 89 (1952), 97 ff. A. T s c h i r a, Untersuchungen im Süden des Parthenon. Jahrb. d. Dt. Archäol. Inst. 87, 1972, 158 ff. G. B e c k e l, in: Χαριστήριον εἰς A. K. Ὀρλάνδον IV (1968) 329 ff. Daneben sind die Funde aus den nachpersischen Einfüllschichten für die Chronologie der rotfigurigen Vasenmalerei und der spätarchaisch-frühklassischen Plastik wichtig geworden: B. G r a e f — E. L a n g l o t z, Die antiken Vasen von der Akropolis zu Athen I (1925), S. XI—XXXVI. E. L a n g l o t z, Zur Zeitbestimmung der strengrotfigurigen Vasenmalerei und der gleichzeitigen Plastik (1920), 98 f. E. H o m a n n - W e d e k i n g,

Torsen, in: Mitt. des Deutschen Archäol. Inst. Athen. Abt. 60/61, 1935/36, 201 ff., bes. 203, 212. — Olynth: Die auf der Chalkidike gelegene Stadt wurde nach der Zerstörung durch Philipp II. von Makedonien nicht wieder aufgebaut. Die Publikation der Ausgrabungen ist noch nicht vollendet: D. M. R o b i n s o n (u. a.), Excavations at Olynthus I—XIV (Baltimore 1929—1952). Für die chronologische Bedeutung ganzer Denkmälergruppen vgl. G. K l e i n e r, Tanagrafiguren (Jahrb. des Deutschen Archäol. Inst., Ergänzungsheft 15, 1942), 9 ff. — Alexandria ad Aegyptum: A. A d r i a n i, Repertorio d'Arte dell'Egitto greco-romano, Serie A Bd. I, II (Palermo 1961), Serie C Bd. I, II (Palermo 1966). H. M ö b i u s, Alexandria und Rom, Abhandlungen der Bayer. Akad. der Wiss., phil.-hist. Klasse Nr. 59, 1964. — Delos: P h. B r u n e a u — J. D u c a t, Guide de Délos (Paris 1965). — Zu Pompeji vgl. die oben S. 53 genannte Literatur. — Zur Chronologie der römischen Keramik vgl. als Einführung F. O s w a l d — T. D. P r y c e, An Introduction to the Study of Terra Sigillata (2. Aufl. London 1966), 39 ff., 144 ff. Die neuere Diskussion findet man über: Limesforschungen Bd. 7 (1966): Novaesium II, von H. S c h ö n b e r g e r, H.-G. S i m o n und M. V e g a s, bes. S. 9 f., 12 f. Zur Porta Nigra vgl. vorläufig: Römer am Rhein, Katalog der Ausstellung in Köln 1967, 84 Nr. 20, vgl. S. 41. Die Chronologie der protokorinthischen Keramik hat zuerst K. F r i i s J o h a n s e n, Les Vases Sicyoniens, Kopenhagen 1923, grundlegend behandelt. Vgl. jetzt Perachora II (Hrsg. T. J. D u n b a b i n, Oxford 1962), 4 ff. J. D u c a t, Bulletin de Correspondance Hellénique 86, 1962, 168 f. J. L. B e n s o n, Gnomon 36, 1964, 403 f. E. D i e h l, Gnomon 37, 1965, 808, 810 f. — Untersuchungen von Vasenformen: H. J. B l o e s c h, Die Formen der attischen Schalen (Bern 1940). E. D i e h l, Die Hydria (1964). B. P h i l i p p a k i, The Attic Stamnos (Oxford 1967). Es kann nicht genügend betont werden, daß für jede typologische Untersuchung Profilzeichnungen der Gefäße unerläßlich sind. Das gilt nicht nur für Monographien über einzelne Gefäßformen, sondern auch für die Publikation von Grabungen, in denen Keramik zutage tritt. Hierin sind besonders die neueren englischen Veröffentlichungen vorbildlich, vgl. etwa Excavations at Tocra 1963—1965. The Archaic Deposits I, by J. Boardman & J. Hayes (London 1966). Dass., The Archaic Deposits II and later Deposits, by J. Boardman & J. Hayes (London 1973).

VI. STIL, ENTWICKLUNG, STRUKTUR

Die bisher geschilderten Methoden sind Voraussetzung für die Bewältigung der Aufgabe, die am Ende des wissenschaftlichen Bemühens steht: Formstruktur und Sinngehalt des Denkmals zu erklären und es in das geschichtliche Bild der Antike einzuordnen. Die Doppelnatur dieses Zieles ergibt sich aus der Eigenart des Kunstwerks als eines zusammengesetzten aus Materie und Form einerseits, Inhalt und Zweckbestimmung andererseits. Auch bescheidenere Erzeugnisse handwerklichen Tuns erfordern die zwiefache Betrachtung, sind durch Formwillen und Funktion mitbestimmt. Wenn die methodischen Wege zur Interpretation des Denkmals entsprechend dieser zwiefachen Aufgabe auf zwei verschiedenen Ebenen verlaufen, so sind diese doch eng miteinander verbunden und die gewonnenen Ergebnisse bedingen und ergänzen sich gegenseitig. Ebenso waren schon Wiederherstellung und Beschreibung von den Erkenntnissen der formalen und inhaltlichen Interpretation des Denkmals abhängig. Auch gibt es keine feste Regel dafür, welcher Weg zuerst einzuschlagen sei: die Reihenfolge muß der jeweiligen Fragestellung gerecht werden.

Die vergleichende Forminterpretation ordnet die einzelnen Denkmäler innerhalb eines entwicklungsgeschichtlichen Ablaufs. Ihr Kriterium ist der Stil als eine „Summe von Eigenschaften, welche eine zusammengehörige Gruppe von Werken unter sich gemeinsam hat" (B. Schweitzer, Handbuch der Archäologie I, 1939, 373), ablesbar an der Gestaltung ihrer Form. Obwohl dem Worte nach gleich, ist der Formbegriff damit ein anderer als er der vergleichenden Typologie zugrunde liegt: Form steht hier nicht im Gegensatz zu Inhalt, ist auch nicht maßgeblich in ihrer Gestaltung bedingt durch die Faktoren Zweckbestimmung und Tradition. Sie ist vielmehr als Ergebnis der Leistung eines Künstlers in einer besonderen geschichtlichen und geistigen Situation „Wiedererzeugung des Gegenstandes in einer durch die gewählte Materie, durch seelische und geistige Faktoren bedingten Gesetzlichkeit" (B. Schweitzer a. O. 369). Die Klärung der Frage nach dem kultischen oder politischen Auftrag des Werkes bleibt für diese Stufe der Untersuchung zunächst unerheblich, entscheidend ist die Weise der Verwirklichung, eine — im höheren Sinne — formale Kategorie. Diese Verwirklichung der Form ist außer besonderen und einmaligen Gegebenheiten auch allgemeinen Bindungen von starker Wirksamkeit unterworfen. Während also gleiche oder ähnliche allgemeine Voraussetzungen annähernd gleiche oder ähnliche Formen hervorrufen, zieht ein Wandel der Voraussetzungen notwendig auch einen solchen der Formen nach sich, „ein neuer Zeitgeist erzwingt sich eine neue Form" (H. Wölfflin, Kunstgeschichtliche Grundbegriffe, 11. Aufl. 1948, 20). Stil und Entwicklung sind die Begriffe, mit denen die Forschung die genannten Phänomene bezeichnet und sich dienstbar macht. Der Vergleich ist der methodische Weg, der die Gemeinsamkeit oder Verschiedenheit der Formeigenschaften mehrerer miteinander zu vergleichender Werke erkennen läßt.

Der Stilbegriff hat in seiner ursprünglichen, absoluten Bedeutung keine historische Dimension, bezeichnet nicht das Allgemeine, sondern das Besondere in der Verwirklichung der Form. Goethe ging es darum, „das Wort Styl in den höchsten Ehren zu halten, damit uns ein Ausdruck übrigbleibt, um den höchsten Grad zu bezeichnen, welchen die Kunst je erreicht hat und je erreichen kann" (Einfache Nachahmung der Natur, Manier, Styl, Sämtliche Werke, Stuttgart-Tübingen 1840, Bd. 31, S. 36), ein Sprachgebrauch, der im Begriffspaar stilvoll — stillos lebendig geblieben ist. Im Gegensatz dazu versteht die Kunstwissenschaft unter dem Begriff des Stils das Zusammenwirken und die bestimmte, jeweils unverwechselbare Zusammensetzung mehrerer verschiedener Formenmerkmale, die einer Gruppe von Kunstwerken gemeinsam sind und die sich an jedem einzelnen in gleichem Maße ablesen lassen. Diese Werke stehen auf Grund solcher stilistischer Eigenschaften untereinander in einem Verhältnis stilistischer Verwandtschaft. Die Verwendung des Stilbegriffs für die Summe der kennzeichnenden Merkmale, die das Œuvre eines Künstlers zu einem sinnvollen Ganzen zusammenschließen, entspricht dem Wortsinn, mit dem die persönliche Handschrift eines literarischen Autors gemeint ist. Die Bezeichnung einer Gruppe von Denkmälern als Erzeugnisse einer Werkstatt oder Schule arbeitet mit demselben Stilbegriff: ihr Stil gibt sich in der allen gemeinsamen, allerdings von Fall zu Fall in geringem Maße verschiedenen Abhängigkeit von einer schöpferischen Persönlichkeit zu erkennen. Die stilistische Verwandtschaft verbindet nicht nur die einzelnen Glieder der Gruppe untereinander, sondern ordnet sie zugleich einer außerhalb der Gruppe stehenden Kraft zu, der prägenden For-

menwelt eines führenden Meisters oder aber anonymen Formenprinzipien, die aus einer bestimmten geistigen Situation oder Anlage sich
ergeben. Ein zweiter Schritt der Ausweitung ist die Übertragung dieses
Stilbegriffs auf die Kunstdenkmäler einer Landschaft oder eines Kulturkreises, die derselben geschichtlichen Epoche angehören. Die prägenden Formprinzipien sind auch hier anonym, ihre Strukturen jedoch
landschaftlich oder ethnisch bedingt.

Die vergleichbaren Merkmale sind oft von oberflächlicher Natur:
ihre Auswahl kann von der an sich richtigen Beobachtung ausgehen,
daß eben jene Handschrift eines Meisters sich gelegentlich in Nebensächlichkeiten offenbart, in denen die Formgebung nicht so sehr dem
Willen nach einmaliger Gestaltung unterworfen wird, als vielmehr der
Manier und Routine überlassen bleibt. Mag die Aussagekraft dieser
Merkmale auch beschränkt sein, ebenso unstreitig sind die Erfolge ihrer
methodischen Auswertung, die in der Kunstgeschichtsforschung zuerst
von A. Springer (1825–1891) und vor allem von G. Morelli (1816–
1891) geübt und zu einem System ausgebaut wurde. Eine große Zahl
von Werken ist auf dieser Grundlage bestimmten Meistern zugeschrieben worden. Der Stil eines Künstlers oder einer Kunstschule wird
freilich mit der Beschreibung solcher Phänomene wie der Bildung von
Haarsträhnen, Ohren, Händen oder Gewandfalten nicht erfaßt. In der
Plastik etwa sind es die Verhältnisse der Figur zum Raum, des Körpers
zum Gewand, des Kernes zur Oberfläche, der Teile zum Ganzen, sind
es Linienführung, Bewegung und Proportionen, an denen eine charakteristische Eigenart deutlich werden kann.

Eine methodisch grundlegende Darstellung des Stil- und Entwicklungsbegriffes fehlt im neueren archäologischen Schrifttum. Die wichtigsten
Perspektiven und Ansätze, von denen eine solche auszugehen hätte,
hat N. Himmelmann-Wildschütz in seiner Studie: Der Entwicklungsbegriff der modernen Archäologie, Marburger Winckelmann-
Programm 1960, 13 ff. aufgezeigt, freilich unter starker Schematisierung
in der Schilderung des Begriffs. Besonders deutlich hat E. Buschor die
Geschichte der Kunst unter dem Bilde einer biologischen Entwicklung
gesehen, vgl. etwa seine Formulierung in Die Plastik der Griechen
(2. Aufl. 1958) 5: „Jede der drei genannten Menschheitsstufen hat
Plastik mit einem neuen Sinn begabt und diesen Sinn im Ablauf ihrer
Lebensdauer zur Blüte, Reife und Auflösung gebracht. So ist die Entwicklung der griechischen Plastik ein Lebensvorgang, die Lebensgeschichte einer Persönlichkeit."

Die ältere Literatur zum Stilbegriff bei H. B u l l e, Handbuch der Archäologie I (1913), 69 ff. Dazu: A. R i e g l, Spätrömische Kunstindustrie (2. Aufl. 1927; Neudruck Darmstadt 1962). H. W ö l f f l i n, Das Problem des Stils in der bildenden Kunst, Sitzungsberichte der Preuß. Akad. der Wiss. 1912 I, 527 ff. Ders., Kunstgeschichtliche Grundbegriffe (11. Aufl. Basel 1948). G. R o d e n w a l d t, Wölfflins „Grundbegriffe" und die antike Kunst, Zeitschrift f. Aesthetik und allgem. Kunstwissenschaft 11, 1916, 432 ff. (Ders. ebenda 113 ff.: Zur begrifflichen und geschichtlichen Bedeutung des Klassischen in der bildenden Kunst). F. M a t z, Der Begriff des Klassischen in der Antiken Kunst, ebenda 23, 1929, 70 ff. E. B r a n d e n b u r g, Der Begriff der Entwicklung und seine Anwendung auf die Geschichte (Berichte der Sächs. Akad. der Wiss. 93, Nr. 4, Leipzig 1941). Eine wie diejenige Wölfflins an ausführlich diskutierten Beispielen orientierte Schrift ist W. W e i s b a c h, Stilbegriffe und Stilphänomene (1957). Vgl. auch F r. P i e l, Der historische Stilbegriff und die Geschichtlichkeit der Kunst, in: Probleme der Kunstwissenschaft I (1963), 18 ff.

Die Feststellung von Verschiedenheiten des Stils dient einmal der Gruppierung verschiedener stilistischer Kreise nebeneinander. So wird attischer von peloponnesischem oder ostionischem Stil, phidiasischer von polykletischem Stil unterschieden. Jedesmal ist ein bestimmter Teil aus der Summe der formalen Merkmale gemeint, die allen Werken der angesprochenen Kunstlandschaft oder Künstlerwerkstatt bzw. -schule eigentümlich ist und sich von denen der benachbarten Gruppe abhebt. Stets kann nur eine größere Zahl von verwandten, vergleichbaren Denkmälern zu einer verbindlichen Aussage führen, einmal festgestellte stilistische Zusammenhänge müssen an weiteren Vergleichen kritisch überprüft, erweitert, vertieft werden. Stilunterschiede können zum anderen auch Ausdruck eines allmählichen Wandels sein, der sich innerhalb einer zum Vergleich zusammengestellten Gruppe oder Reihe von Denkmälern an deren Formmerkmalen ablesen läßt. Der Stilbegriff wird damit einem geschichtlichen Ablauf eingeordnet und relativiert, erhält eine historische Dimension. Die stilistische Veränderung wird zum Symptom einer geschichtlichen Entwicklung.

Auch die Untersuchung des Zeitstils und der stilistischen Entwicklung arbeitet zuweilen mit vordergründigen Form-Merkmalen, die der Morellischen Methode entsprechen, etwa der fortschreitenden Natürlichkeit oder organischen Bildung von Einzelheiten des menschlichen Körpers oder in der Wiedergabe von Werkzeug und Gerät. Die einmal in großen Zügen festgestellte Formentwicklung wird dabei entspre-

chend den in die Entwicklungsreihe eingeordneten Denkmälern in
kleine Schritte aufgelöst, jeder Schritt wiederum als eine eigene stilistische Stufe zum Ausgangspunkt genommen, um weitere, vergleichbare Denkmäler dem Schema zuzuordnen. Ein anschauliches Beispiel
für die Aufgliederung einer Entwicklungsreihe nach Gesichtspunkten
des Landschafts- und Schulstils einerseits, des Zeitstils und des Fort-
schritts von einer primitiven zu einer vollendeten Stufe andererseits ist
die Forschung zu den archaisch-griechischen Kuroi. Es muß freilich
betont werden, daß die Begriffe „primitiv" und „vollendet" hier ohne
jede Wertung nur Anfang und Ende bezeichnen sollen. Die Kuroi erschließen sich einer solchen Untersuchung besonders leicht, weil sie, von
einigen Motiv-Varianten und dem Stilwandel abgesehen, vom Anfang
bis zum Ende der Entwicklung dem gleichen ikonographischen Schema
verpflichtet bleiben: ein stehender, unbekleideter Jüngling mit vor-
gesetztem linkem Bein, die Arme meist am Körper herabgeführt, gelegentlich ein Attribut haltend. In dieser Denkmälergruppe, die heute
etwa 200 Kuroi umfaßt, stehen am Beginn mächtige, oft ins kolossale
Maß gesteigerte Gestalten, für die eine strenge Bindung an bestimmende
Formgesetze, ein urtümliches, wirklichkeitsfremdes Verhältnis der Glieder zum Ganzen und ein fast stereometrischer Bau aus unverbunden
aneinandergesetzten Einheiten charakteristisch sind, wobei die Ein-
zelteile – Augen, Ohren, Haar, Leibesinskriptionen – oft eine geo-
metrisch anmutende, ornamentale Stilisierung erfahren. Am Ende steht
der allmähliche Übergang zu den als ideal gesehenen, in ihrem funktio-
nalen inneren Zusammenhang und in freier Bewegtheit ideal gestalteten
Statuen des frühklassischen Stils im 5. Jahrhundert v. Chr. Neben dem
allmählichen Fortschreiten auf den Endpunkt im 5. Jahrhundert, neben
dem Wandel des jeweils bestimmenden Menschen- und Weltbildes, das
sich an der jeweils veränderten Formensyntax ablesen läßt, manifestie-
ren sich die Entwicklungsstufen in einem scheinbar ständig wachsenden
Naturalismus der Einzelformen, des Gesichtes und des Körpers. Während etwa Ohr oder Kniegelenk des frühharchaischen Kuros in New
York als abstrakte Konfiguration stereometrischer Flächen bezeichnet
werden können, zeigen die gleichen Details an einem der spätesten
Vertreter des Kuros-Schemas, der Grabstatue des Aristodikos, an der
Natur beobachtete und organische, wenn auch idealistisch gestaltete
Formen. Dasselbe gilt auch für den hier Tafel 5 gezeigten Vergleich.

   Gleiche und ähnliche Einzelbeobachtungen lassen sich für andere
Denkmälergruppen und andere Stilepochen anführen. Erst ihre Zu-

sammenfassung und Einordnung in den allgemeinen Entwicklungs-
gang der Kunst und des Kunstgewerbes führt zu jener genauen Vorstellung des Stilablaufs der Antike, wie sie die Forschung in den
letzten 100 Jahren hat erarbeiten können. Damit wird der stilkritische
Vergleich auch zu einem wichtigen Hilfsmittel für die Einordnung von
aus äußeren Gründen nicht datierten Denkmälern: die an einer zusammengestellten Vergleichsreihe einmal gewonnene Kenntnis der stilistischen Entwicklung ermöglicht für ein erstmals oder neu zu betrach-
tendes Werk eine oft sehr präzise Aussage über das zeitliche Verhältnis
zu bestimmten Stufen der bekannten Entwicklung. Es ergibt sich ein
Früher, Gleichzeitig oder Später, das dann durch die Verknüpfung
einzelner Punkte innerhalb der Reihe mit absoluten Daten zur genauen Einfügung in den geschichtlichen Ablauf führt.

Die Methoden der Stilanalyse wechseln also je nach der Aufgabe
von der Induktion zur Deduktion und zurück. Das ist nur scheinbar
ein circulus vitiosus: das durch die Interpretation einer Reihe von
einzelnen Denkmälern ermittelte Bild hat innerhalb bestimmter allgemeiner Grenzen durchaus den Charakter eines verläßlichen Systems,
umso mehr, wenn es durch die Interpretation anderer, aber analoger
Reihen gesichert ist. Das Bild oder der Sinn der Reihe bzw. der Entwicklung ist allerdings nur solange gültig, als neu auftretende Phänomene — Denkmäler, Einzelbeobachtungen oder auch neue Interpretationen von solchen — sich widerspruchslos mit ihm vereinigen lassen.
Ist dagegen, unter Ausschluß eines Irrtums, eine sinnvolle Erklärung
der Beobachtung nach dem bisherigen Schema nicht möglich, so muß
dieses entsprechend umformuliert werden unter Berücksichtigung von
außerhalb des Systems liegenden Festpunkten, etwa der Verknüpfung
mit Daten der absoluten Chronologie oder der Schichtenfolge einer
Grabung. Maßgebendes Kriterium für die datierende Kraft der Stilanalyse bleibt die in sich sinnvolle oder wahrscheinliche Entwicklung
innerhalb des für die Betrachtung gewählten Ausschnittes. Sie ist damit den gleichen methodischen Gesetzen unterworfen wie die vergleichende Typologie (die oben S. 82 f. angeführte Mahnung von T. J.
Dunbabin hat damit auch hier ihre Geltung).

Die Fruchtbarkeit der vergleichenden Stilkritik für den Ausbau der
archäologischen Wissenschaft ließe sich an manchem Beispiel deutlich
machen, etwa an unserer heutigen Kenntnis von der Chronologie der
griechischen Vasenmalerei — und von den zahllosen Meisterpersönlichkeiten, die aus der anonymen Menge durch die Forschung herausge-

hoben werden konnten –, oder an den Ergebnissen für die Geschichte des römischen Porträts. Die geschilderten Methoden konnten umso unbedenklicher angewandt werden, als sie von einer näheren Bestimmung des zugrundeliegenden Entwicklungsbegriffs zunächst unabhängig sind. Der Formenwandel ist am überlieferten Denkmälerbestand selbst auf empirischen Wegen abzulesen.

Die nähere Bestimmung von Stil, Entwicklung und Struktur antiker Denkmäler wird erst möglich durch eigene Studien oder den kritischen Nachvollzug schon vorliegender Untersuchungen. Zum Problem von Werkstätten und Schulen in der archaischen griechischen Plastik vgl. etwa G. M. A. R i c h t e r , Kouroi. Archaic Greek Youth (2. Aufl. London 1960). E. L a n g l o t z , Frühgriechische Bildhauerschulen (1927). U. J a n t z e n , Bronzewerkstätten in Großgriechenland und Sizilien (Jahrb. des Deutschen Archäol. Inst., 13. Ergänzungsheft 1937). Ders., Griechische Griff-Phialen, 114. Berliner Winckelmann-Programm (1958). E. K u n z e in: 3. Olympia-Bericht (1941), 5. Olympia-Bericht (1956), 7. Olympia-Bericht (1961). E. H o m a n n - W e d e k i n g , Von spartanischer Art und Kunst, Antike und Abendland 7, 1958, 63 ff. H. G. N i e m e y e r , Bronzekopf in Barcelona, Madrider Mitt. 3, 1962, 31 ff. Ders., Attische Bronzestatuetten der spätarchaischen und frühklassischen Zeit, in: Antike Plastik III (1964). – N. H i m m e l m a n n - W i l d s c h ü t z , Archaischer Bronzekuros in Wien, Jahrb. des Deutschen Archäol. Inst. 80, 1965, 124 ff. Ders., Beiträge zur Chronologie der archaischen ostionischen Plastik, Istanbuler Mitt. 15, 1965, 24 ff.; Meisterpersönlichkeiten: B. S c h w e i t z e r , Neue Wege zu Pheidias, Jahrb. des Deutschen Archäol. Inst. 72, 1957, 1 ff. E. H o m a n n - W e d e k i n g , Anonymi am Parthenon, Mitt. des Deutschen Archäol. Inst., Athen. Abt. 76, 1961, 107 ff.; in der Vasenmalerei: J. D. B e a z l e y , Attic Black-Figure Vase-Painters (Oxford 1956). Ders., Attic Red-Figure Vase-Painters (2. Aufl. Oxford 1963). Vgl. auch A. R u m p f , Chalkidische Vasen (1927). W. S c h i e r i n g , Werkstätten orientalisierender Keramik auf Rhodos (1957). J. M. D a v i s o n , Attic Geometric Workshops (New Haven 1961). Über die in Gallien und Germanien tätigen römischen Töpfer findet man eine ausführliche Bibliographie bei P. K a r n i t s c h , Die Reliefsigillata von Ovilava (1959), 13 ff., 64 ff., 75 ff., vgl. dazu R. N i e r h a u s , Germania 40, 1962, 165 ff. Arretinische Töpfer: A. S t e n i c o , La ceramica Arretina I. Rasinius I. (Mailand 1960). Dass. II. Punzoni, Modelli, Calchi, ecc. (Cisalpino 1966).

Trotz allem ist ein tieferes Verständnis der Eigenart antiker Kunstübung und antiker Kunstwerke abhängig von der Vorstellung von

Wesen und Ziel der Entwicklung und damit von einer näheren Definition des Entwicklungsbegriffs. Alle auf die Historie und die historischen Wissenschaften bezogenen und für sie formulierten Entwicklungsbegriffe lassen sich auf den biologischen Entwicklungsbegriff reduzieren: ihr Denkmodell ist das Leben eines eigenen Organismus, der beginnt, blüht und verfällt. Und erst die Grundstimmung der geschichtlichen Epoche, in der ein bestimmter Entwicklungsbegriff ausgeprägt wird, gibt diesem die wertenden Vorzeichen. So hatte bereits Winckelmann für seine Periodisierung der griechischen Kunst die bezeichnenden Worte „Ursprung, Fortgang, Wachstum, Fall" gebraucht (Geschichte der Kunst des Altertums VIII 1, §§ 1. 2). An anderer Stelle werden die fünf Perioden „Anfang, Fortgang, Stand, Abnahme und Ende" den fünf Akten des Dramas gleichgesetzt (a. O. § 4), und dem „ältesten Styl" noch Vorstufen, „die ersten Versuche" (a. O. § 3) vorangestellt: Anzeichen dafür, daß er die Entwicklung der Kunst unter dem Denkmodell eines biologischen Entwicklungsvorganges verstand, wie auch H. Wölfflin schon mit Recht betont hat (Gedanken zur Kunstgeschichte, Basel 1940, 15). Freilich besaß die Entwicklung für Winckelmann ein ganz festes Ziel, ein Telos: die Klassik, in der sich eben jene edle Einfalt und stille Größe in Vollkommenheit verwirklichte. Die vom Idealismus bestimmte Konzeption des Entwicklungsbegriffs blieb bis in die Mitte des 19. Jahrhunderts unangefochten. Auch die positivistisch ausgerichtete Forschung der zweiten Hälfte des Jahrhunderts hat die Grundpositionen des Klassizismus nicht zu erschüttern vermocht. Der Kunsthistoriker Franz Wickhoff als einer der konsequentesten Vertreter der neuen Richtung sah 1895 das Ziel der Entwicklung erst im „natürlichen" römischen Impressionismus, und auch die klassische Archäologie beurteilte die Kunst nunmehr nach Wahrheit und Richtigkeit der Naturwiedergabe. „Wunderbare Harmonie und Vollendung" aber fand sie mit A. Furtwängler in den Statuen der Klassik des 5. Jahrhunderts oder mit G. Rodenwaldt in einem Werk des 4. Jahrhunderts wie dem Apoxyomenos des Lysipp: „Die Statue ist ein Bild des Menschen, nicht οἷός ἐστιν, sondern οἷος ἂν γένοιτο. Die beiden widerstreitenden Prinzipien der Kunst (d. h. Nachahmung und Stilisierung) sind in ihr zur völligen Harmonie versöhnt. Damit ist ein begrifflich zu fassendes und höchstes Ziel der Kunst erreicht" (Zeitschrift für Aesthetik und allgemeine Kunstwissenschaft 11, 1916, 125). Gerade in der Darlegung G. Rodenwaldts ist auch die Verpflichtung gegenüber dem Positivismus deutlich, wenn eine Natürlichkeit zum Maßstab des Klassischen wird. So galt ihm der Hermes des Praxiteles, dessen Entstehung kurz vor die des Apoxyomenos fällt, im „begrifflichen Sinne" (nicht im Sinne der kunstgeschichtlichen Konvention) noch nicht als klassisch, denn die „Stilisierung führt bei ihm noch zu Abweichungen von der Natur" (a. O.).

Es ist die Kunstwissenschaft gewesen, die den Entwicklungsbegriff um die Wende zu unserem Jahrhundert umgeformt hat. Seit den Arbeiten A. Riegls und H. Wölfflins wird die Entwicklung nicht mehr als auf ein Ziel gerichtet verstanden, sondern als eine Vielfalt in sich geschlossener einzelner Entwicklungsvorgänge, die sich aneinanderreihen, teilweise überschneiden und schließlich wiederholen. Aus dem sicheren Empfinden für die Unzulänglichkeit des naturwissenschaftlichen Entwicklungsbegriffs konzipierte A. Riegl den Begriff des „Kunstwollens", der an die Stelle des evolutionistisch verstandenen Stilbegriffs trat. Mit der psychologischen Relativierung der Stilentwicklung war die wichtigste Grundlage für die unvoreingenommene Würdigung jeder einzelnen Stilstufe gegeben. Auch Wölfflin, der die Entwicklung am Wandel der anonymen „Sehformen" oder „Anschauungsformen" als Grundlagen des Zeitstils demonstriert hat, war sich bewußt, „daß die Entwicklung nicht ein mechanisches Abschnurren bedeuten kann" und meinte: „Man hat wohl immer so gesehen, wie man sehen wollte" (Gedanken zur Kunstgeschichte, Basel 1940, 22. 24). Entscheidend für die Anwendung des neuen Entwicklungs- und Stilbegriffs in der wissenschaftlichen Praxis waren die von Riegl und Wölfflin (deren unterschiedliche geistige Haltung durch die Zusammenstellung hier nicht verwischt werden soll) geschaffenen Begriffspaare wie „haptisch-optisch" (Riegl) und „linear-malerisch" oder „geschlossene Form — offene Form" (Wölfflin), mit denen Richtung und Symptome der Entwicklung charakterisiert wurden, sowie vor allem die „Periodizität der Entwicklung" (Wölfflin, Kunstgeschichtliche Grundbegriffe, 11. Auflage, Basel 1948, 266 ff.). Das Denkmodell der Entwicklung ist nicht mehr eine gerichtete Linie, sondern eine Spirale, innerhalb deren die gleichen Phänomene auf verschiedenen Stufen immer wieder auftreten. Jede Entwicklungsperiode und wiederum jede einzelne Phase innerhalb der Periode besitzt Anfang, Mitte und Ende: so ist das Mykenische, das der späthelladischen Periode gleichgesetzt wird, einerseits Teil des Dreiersystems von Früh-, Mittel- und Späthelladisch, andererseits aber wieder aufgegliedert in früh-, mittel- und spätmykenische Phasen, die ihrerseits durch die Forschung weitere

Unterteilungen erfahren haben. Erst der relativistische Entwicklungsbegriff gab die Möglichkeit zu einer feinteiligen Untergliederung der Entwicklung und ist die eigentliche Voraussetzung für die wissenschaftliche Fruchtbarkeit der modernen Stilanalyse. Trotz des eindrucksvollen Systems, das die Wissenschaft auf dieser Grundlage errichtet hat, ist jedoch auch der moderne Entwicklungsbegriff nicht in der Lage, alle Phänomene zu erklären. Ungedeutet bleibt neben der Frage, wie es denn zur Wiederholung des Entwicklungsablaufs auf einer neuen Ebene komme, eben das Problem des Anfangs. Denn die konsequente Anwendung des Entwicklungsbegriffs muß bei der Interpretation eines Denkmals die Existenz von Vorstufen ebenso wie von Nachwirkungen voraussetzen.

Zwei Wege führen aus der Aporie, die beide den Bereich des empirisch Feststellbaren verlassen und zur „synthetischen Intuition" überleiten, von der E. Panofsky im Zusammenhang mit der ikonologischen Interpretation gesprochen hat (Meaning in the Visual Arts, Garden City N. Y., 1955, 38). Besonders die deutsche archäologische Forschung hat sich um die allgemeinen Prinzipien der Kunstübung bestimmter Perioden, Phasen und Kulturbereiche bemüht, um die „Struktur", die gegenüber dem Fließenden der Entwicklung das Unverwechselbare und Unwandelbare, vom Anfang her Gegebene darstellt. Diese Strukturforschung beginnt mit der Theorie vom überindividuellen „Kunstwollen" A. Riegls und baut auf der Voraussetzung auf, daß auch die geniale Persönlichkeit sich von den Bindungen an die symbolischen Grundformen nicht befreien kann. „Das Prinzip der inneren Organisation der Form", wie G. Kaschnitz von Weinberg die Struktur definiert hat, bleibt der Summe der schöpferischen Kräfte einer Epoche oder eines geschichtlichen Raumes verpflichtet und ist auch dem einzelnen Werk abzulesen. Die theoretische Natur des Strukturbegriffs bringt es mit sich, daß dieser in Konzeption und Anwendung ganz von der Persönlichkeit des einzelnen Forschers abhängig ist. Er läßt sich zugleich verstehen als eine Funktion von Rasse, Landschaft und Zeit und ist innerhalb dieser Faktoren auf größere ebenso wie auf kleinere Einheiten bezogen worden. Seine Grenzen zum Stilbegriff sind oft fließend.

Die begriffliche Schematisierung birgt in sich die Gefahr, über dem Gewinn sicherer Erkenntnis den Menschen zu vergessen, der das geschichtliche Leben gestaltet. Auch er ist Gegenstand der Intuition des Forschers. Der antike Künstler ist nicht das Genie, wie es der Kunst-

betrieb des 19. und 20. Jahrhunderts kennt. Seine Unterordnung unter
die Macht künstlerischer Tradition ist ebenso deutlich wie seine feste
Einbindung in die geistige und weltanschauliche Situation seiner Zeit.
Doch „schöpferische Meister haben auch im Altertum die Tradition getragen und mit dem Erwachen der Individualität vom 5. Jahrhundert
ab auch ihren Kampf gegen sie geführt", wie B. Schweitzer gesehen
hat (Handbuch der Archäologie I, 1939, 372). Auch dem antiken Denkmal als einer individuellen Verwirklichung der Form bleibt damit
etwas Unwägbares, das sich dem strengen Schematismus wissenschaftlicher Betrachtung entzieht: Zur Leistung des Künstlers wie des Kunst-
handwerkers gehört neben der allgemeinen Bindung in die Zeit das
Einmalige, die prägende Kraft des Menschen.

Zum Strukturproblem: G. Kaschnitz von Weinberg, Gnomon
5, 1929, 195 ff. B. Schweitzer, Das Problem der Form in der Kunst
des Altertums, in: Handbuch der Archäologie I (1939), 363 ff. (mit der
wichtigsten älteren Literatur). R. Bianchi Bandinelli, Storicità
dell'arte classica (2. Aufl. Florenz 1950). D. Levi in: La Parola del
Passato 14, 1959. Hefte des Kunsthist. Seminars der Univ. München 4,
(2. Aufl. 1963): Riegls Erbe. F. Matz, Strukturforschung und Archäologie, Studium Generale 1964, 203 ff. (hier auch eine ausführliche
Behandlung der Kritik, die besonders von der anglo-amerikanischen
Forschung geltend gemacht worden ist). G. Kaschnitz von Weinberg, Ausgewählte Schriften I: Kleine Schriften zur Struktur (herg.
von H. v. Heintze, 1965). N. Himmelmann-Wildschütz, Bemerkungen zur geometrischen Plastik (1964). Besonders fruchtbar hat
sich die Strukturforschung für die Erhellung kunstgeschichtlicher Probleme der ägäischen Frühzeit erwiesen. Vgl. F. Matz, Torsion. Abhandlungen der Akad. der Wiss. Mainz 1951, Nr. 12 und zuletzt
F. Schachermeyr, Gnomon 38, 1966, 481.

VII. ERKLÄRUNG UND DEUTUNG

Die Erklärung der Denkmäler wird ganz vom jeweiligen Objekt bestimmt, Methoden und Ergebnisse sind von Fall zu Fall in höchstem Maße unterschiedlich. Die oft notwendige Verquickung der Kategorien inhaltlicher und formaler Betrachtung und die unendliche Vielfalt der menschlichen Lebensäußerung, ohne deren Berücksichtigung „Erklärung" nicht denkbar ist, stehen der Ausbildung einer methodischen Systematik entgegen. Schon Karl Otfried Müller schrieb in der ersten Auflage seines „Handbuch der Archäologie der Kunst" (1830): „Hermeneutik und Kritik, formelle Disziplinen, nicht besonders darstellbar", und auch Carl Robert, im Urteil seiner Zeitgenossen und der Nachwelt ein Meister in der Kunst der Interpretation, hat in seinem Werk „Archäologische Hermeneutik" auf eine Systematik ausdrücklich verzichtet.

Bei einem Gegenstand, dessen Sinngebung sich darin erschöpft, daß er im täglichen Gebrauch seinen Zweck erfüllt, und dessen Formgebung ganz von dieser Bestimmung beherrscht wird, kann die Aufgabe der Erklärung oft allein mit einem Wort, der Benennung, und im Zuge der Beschreibung gelöst werden. Über ein Bruchstück vom Rande eines Tellers einer bestimmten Form ist mit den Worten „Randscherbe eines flachen Tellers mit abgesetzter Lippe", gegebenenfalls auch unter Verweis auf eine Abbildung alles gesagt, was zur Erklärung der betreffenden Scherbe dient. Schwieriger ist es mit Gefäßen und Geräten, deren Zweckbestimmung aus der Form nicht ohne weiteres hervorgeht, besonders dann, wenn nicht vergleichbare Gerätschaften aus anderen, auch neueren Epochen der Geschichte bekannt sind, oder aber antike bildliche Darstellungen über ihre Verwendung Auskunft geben oder mittelbar darauf hinweisen. Solche Darstellungen finden sich vor allem in der griechischen Vasenmalerei, gelegentlich auf den zu erklärenden Vasen selbst, wie die nachfolgenden Beispiele zeigen: eine Gruppe der bemalten attischen Keramik sind einhenklige Ölfläschchen, die auf einer pastosen weißen Grundierung mit buntfarbigen Darstellungen bemalt sind. Durch diese technische Besonderheit unterscheiden sie sich von Gefäßen der gleichen Form, die in der üblicheren, rot- oder schwarzfigurigen Art bemalt sind. Während nach dem ersten Auftreten der empfindlichen Technik auch andere Gefäßtypen — Trinkschalen, Mischkrüge — auf diese Weise bemalt werden, bleibt sie später, etwa seit der Mitte des 5. Jahrhunderts v. Chr., auf die Ölfläschchen beschränkt. Soweit die Fundorte bekannt sind, stammen sie aus Gräbern, und der Themenkreis der ihnen aufgemalten Bilder bezieht sich jetzt vornehmlich auf Totenkult und Jenseitsglauben: es finden sich Szenen des Abschieds im Haus und am Grab, Bilder von der Begegnung mit Gestalten des Totenreiches, aber auch Bilder aus dem täglichen Leben, der Gemeinsamkeit von Herrin und Dienerin, Mutter und Tochter, die nun durch den Tod unterbrochen ist. Die kostbare und so sehr empfindliche Bemalung machte diese Gefäße für den täglichen und auch schon für den festlichen Gebrauch in der Tat ungeeignet, und so liegt die Heranziehung einer Textstelle in den Ekklesiazusen des Aristophanes nahe (V. 996, und öfter), in der davon gesprochen wird, daß Lekythoi (λήκυθοι) mit den Toten verbrannt und bestattet werden. Aber mit dem Namen Lekythos werden in der antiken Literatur auch Ölfläschchen des täglichen Gebrauchs bezeichnet, wie sie im Haushalt oder von den Athleten auf der Palaestra benutzt werden. Neben den „weißgrundigen Lekythoi", die wir nach dem Zeugnis des Aristophanes nun vornehmlich als Grabbeigabe und als für den Totenkult bestimmt ansehen dürfen, müssen also auch die rotfigurig bemalten oder ganz schwarzgrundig gedeckten Vertreter dieses Gefäßtypus als Lekythos bezeichnet werden. Nachdem dieser Sachverhalt einmal festgestellt worden ist, kann sich die „Erklärung" des Gegenstandes auf die Bezeichnung „Lekythos" oder „weißgrundige Lekythos" beschränken. In die Beschreibung eines Gegenstandes eingefügt, ruft sie die einmal gefundene Deutung ins Gedächtnis.

Auf den zahllosen Darstellungen von Gelage- und Trinkszenen in der Vasenmalerei sind auch die hierbei verwandten Gefäße bekannt geworden, Gemäße für die Aufbewahrung des Weines wie für das Trinken selbst. Ein eigenartiger Fall, der immer wieder Beachtung findet und diskutiert wird, ist der Psykter, ein „Kühler", wie das griechische Wort zu übersetzen ist. Schon die eigenartige Form dieses Gefäßes, über einem hohen Zylinder ein weitausladender bauchiger Körper mit verhältnismäßig enger Mündung, weist auf die Art der Verwendung: der Psykter war dazu bestimmt, in einem anderen weithalsigen offenen Gefäß auf dessen Inhalt zu schwimmen. Ungeklärt bleibt nach wie vor, ob der Psykter das Kühlmittel, etwa Quellwasser, Schnee oder Eis, aufnehmen sollte, oder aber den Wein selbst, während das Kühlmittel in dem Mischkrug Platz fand, in den der Psykter hineingesetzt wurde. Die erste Möglichkeit scheint der Wortbedeutung am meisten gerecht zu werden. Auch sind Vasenbilder erhalten, auf denen der Mundschenk mit einer Kelle aus dem Mischkrug schöpft, nicht aber aus dem Psykter, der, in dem Mischkrug schwimmend, mit abgebildet ist. Wieder andere Vasenbilder belegen die Verwendung des Psykters selbst als Weingefäß, aus dem geschöpft wird. So bleibt die Entscheidung offen: es war anscheinend üblich, das Gefäß sowohl in der einen wie auch in der anderen Art zu benutzen.

Erst durch gemalte figürliche Darstellungen konnte die Verwendung eines weiteren Gerätes geklärt werden, das nach Material und Technik zur griechischen bemalten Keramik gehört, das man aber ursprünglich für eine Art Dachziegel gehalten hatte: eine halbzylindrische längliche Kappe, die an einer Seite abgeschlossen ist. Auf der Oberseite glatt oder geschuppt, sind die Seiten und gelegentlich auch die abschließende Stirnwand mit figürlichen Szenen in rotfiguriger Technik bemalt. Eben in einer dieser Szenen ist die Verwendung des seltsamen Gerätes dargestellt: die Frauen legten sich das Gerät bei der Wolleverarbeitung über Knie und Oberschenkel, um auf dem Rücken des Gerätes die gekämmte Wolle zu einem Strang oder Florband zu drehen, das anschließend gesponnen werden konnte. Aus der antiken Literatur sind zwei Namen für dieses Gerät überliefert, von dem sich besonders kostbare ebenso wie ganz einfache Beispiele erhalten haben: Epinetron als Fachausdruck und Onos (= Esel) als volkssprachliche Prägung. Kostbare Stücke, mit gemalten Szenen aus dem Leben der Frau oder aus thematisch verwandten Mythen, mochten als besonders sinnreiche Hochzeitsgeschenke dienen.

Abb. 12 Epinetron des Eretria-Malers (nach ’Αρχαιολογικὴ ’Εφημερίς 1892 Tafel 13; vgl. die Literatur unten S. 100)

Wenn literarische oder bildliche Belege außerhalb der zu benennenden oder zu erklärenden Denkmälergruppe nicht zur Verfügung stehen, so müssen diese Denkmäler aus sich selbst erklärt werden. Hier hilft die sorgsame Zusammenstellung aller vergleichbaren Denkmäler weiter. Ein bis dahin unerklärtes kleines Bronzegerät, bestehend aus einem längeren Stab, der auf vier Seiten mit Noppen besetzt ist, oder einfacher aus einem Drahtschlingen-Zopf, konnte so als Kannenverschluß erkannt werden. Die Noppen oder Schlingen dienten dazu, die Umwicklung mit Wolle oder Hanf zu halten. Winzige Figuren, die in geometrisch-abstrahierender Verkürzung einen sitzenden Trinker darstellen, und die auf den meisten dieser Kannenverschlüsse angebracht sind, hatten den Anstoß für diese Erklärung gegeben. —

Lekythoi: C. H. E. Haspels, Attic black-figured Lekythoi (Paris 1936). Eine umfassende Studie über rotfigurige Lekythoi von B. F. Cook ist in Vorbereitung. Weißgrundige Lekythoi: A. Fairbanks, Athenian White Lekythoi I, II (New York 1907, 1914). J. D. Beazley, Attic White Lekythoi (London 1938). E. Buschor, Grab eines attischen Mädchens (1959). Hier Tafel 6,1 eine Lekythos in Köln (unveröffentlicht). — Psykter: E. Diehl, Griechische Weinkühler im 5. und 4. Jhdt. v. Chr., in: Festschrift zum 400 jährigen Jubiläum des Herzog-Wolfgang-Gymnasiums Zweibrücken (1959), 123 ff. A. Greifenhagen, Jahrb. der Berliner Museen 3, 1961, 123 ff. K. Schauenburg, Ein Psykter aus dem Umkreis des Andokidesmalers, Jahrb. des Deutschen Archäol. Inst. 80, 1965, 76 ff. — Epinetron: C. Robert, Ἀρχαιολογικὴ Ἐφημερίς 1892, 247 ff. (erste Benennung. D. M. Robinson, American Journal of Archaeology 49, 1945, 480 ff. (Liste der bekannten Epinetra). B. Schweitzer, Mythische Hochzeiten. Sitzungsber. der Heidelberger Akad. 1961, Nr. 6 (Erklärung, Interpretation der Bilderwelt). G. Bakalakis, Zur Verwendung des Epinetron, Österreichische Jahreshefte 45, 1960, Beiblatt 200 ff. — U. Jantzen, Geometrische Kannenverschlüsse, Archäol. Anzeiger 1953, 56 ff. — Vgl. noch die Studie von I. Scheibler, Exaleiptra, Jahrb. des Deutschen Archäol. Inst. 79, 1964, 72 ff.

Schon die Erklärung der Lekythos führte über den Bereich des profanen Alltags hinaus, und die kultische Bestimmung der weißgrundigen Lekythen war Voraussetzung für das Verständnis der Motivwelt der ihnen aufgemalten Bilder. Überhaupt ist in demjenigen Teilgebiet des archäologischen Arbeitsfeldes, das wir heute mit dem Begriff „bildende Kunst" bezeichnen, die religiöse Durchdringung bis in das 5. Jahrhundert v. Chr. hinein von einem kaum noch vorstellbar hohen Maß. „Gerade Kunst — ist die alte griechische Kunst nicht" (R. Harder, Einführung in die griechische Kultur, Freiburg 1962, 165). Es ist symptomatisch, daß die griechische Philosophie im späteren 5. und im 4. Jahrhundert v. Chr., als das Kunstwerk zum ersten Mal nach annähernd aesthetischen Kategorien betrachtet wird, die „Kunst" verurteilt. Dies hat seinen Grund eben darin, daß die „Kunst" in dieser Zeit als Mimesis, als Nachahmung verstanden wird, der Künstler als Mimetes, als Nachbildner, welcher die ontologischen Aufgaben seines Schaffens nicht erfüllen könne. Das Einsetzen dieser Kritik ist bereits am Ausgang des 6. Jahrhunderts v. Chr., bei Heraklit, zu beobachten. An den Denkmälern ließe sich zeigen, daß die Vorwürfe zu Unrecht erhoben wurden, was sie jedoch deutlich machen, ist ein bedeutungsvoller Wandel antiken Verständnisses der „Denkmäler". Der Wandel ist ein allmählicher, und manche überkomme Position wird offenbar nie aufgegeben. Aber er trennt doch schärfer als alle stilistischen Unterschiede vor- und nachklassische Kunst von einander. Eine archaische griechische Statue, um ein Beispiel zu nehmen, ist daher „beispielhafter Entwurf der Wirklichkeit" im Sinne der von der neueren Philosophie dem Kunstwerk gegebenen Definition erst in zweiter Linie, nur insofern, als sie das Werk eines Künstlers ist. Für Erklärung der Statue als antikes Denkmal entscheidet die Aufgabe, die ihr zugemessen ist, als Kultbild, Weihgeschenk oder Grabmal.

Ein Begriff, dessen Untersuchung tief in das Verständnis griechischer Kunst hineinführt, ist der des Weihgeschenks, das die Griechen ἄγαλμα nennen. Es bezeichnet in der Frühzeit zunächst nichts anderes als einen Gegenstand, an dem man sich freut und der, in das Heiligtum einer Gottheit geweiht, ihr zur Freude dient. Ein Ring kann ebenso ἄγαλμα sein wie ein bronzener Dreifuß oder eine Statue. Das urtümlich naive Verhältnis zur Gottheit, das sich hierin ausspricht, wandelt sich im Laufe der Entwicklung in bezeichnender Richtung. Der Rang des von diesem Begriff Umschlossenen wird gesteigert und auch das Kultbild darin einbezogen. Schließlich bleibt er auf das Kultbild selbst beschränkt, das damit etwas von seiner ursprünglichen, stellvertretenden Bedeutung verliert: es kann nun nicht mehr wie vorher die Gottheit selbst sein, sondern ist Agalma der Gottheit. Dem Stellvertreterglauben, wie er im Orient und, auf etwas anderer Grundlage, auch in der europäischen Vorgeschichte lebendig war, blieb neben dem Kultbild auch das griechische Grabmal bis zur Schwelle der klassischen Periode des 5. Jahrhunderts v.

Chr. verpflichtet. Die Identität des Bildes mit dem Abgebildeten ist aber erst vollends deutlich bei den Kultstatuen, die in ihrer Zeit oft einfach Theos heißen, Gott und Göttin. Von ihnen selbst ist nichts erhalten, so daß wir uns von der Wirkungsmächtigkeit dieser altertümlichen Bildträger keine unmittelbare Vorstellung mehr machen können. Die antike Literatur überliefert jedoch genügend Tatsachen, die von dem oft in die Frühzeit führenden Alter, von den Funktionen in Kult und Ritus und damit von der urtümlichen Lebendigkeit Zeugnis ablegen. Die Geschicke der Kultbilder hatten auch bestimmenden Einfluß auf die Gestaltung des Menschenbildes: am Anfang der Entstehung griechischer Großplastik steht neben einer Fülle von anderen vorbereitenden Phänomenen die Umwandlung der anikonischen, bildlosen Kultmale in bildhafte Kultstatuen. Die Kontinuität wird dadurch allerdings nicht unterbrochen, die Wirkung auf die Gläubigen nicht gesteigert. Die ehrwürdigen Götterbilder heißen auch weiterhin „ungeschnitzte Bohle" (ἄξοος σανίς die Hera von Samos) und „glatter Thron" (λεῖον ἕδος die Athena von Lindos). Auch gelten sie als διϊπετές, vom Himmel gefallen, und ihren Rang kann ihnen kein Meisterwerk einer späteren, aufgeklärteren Kunstübung streitig machen.

Gerade diese neuen Kultbilder konnten mit größerem Recht als Agalma gelten, während auf der anderen Seite das Weihgeschenk in seiner Eigenart gleichsam säkularisiert wurde und nun die Statue etwa ἀνδριάς hieß, Mannsbild oder Menschenbild. Mit diesem Vorgang gewinnt das einzelne Werk einen größeren Eigenwert, ist im Bewußtsein des antiken Betrachters stärker durch den Darstellungsinhalt als durch die Zweckbestimmung geprägt.

Das für die frühgriechische Zeit charakteristische Phänomen der Typenbildung auch im Bereich von nach heutigem Verständnis hoher und höchster Kunstübung, etwa in der Freiplastik, findet in dem geschilderten ideologischen Befund ebenso seine Erklärung wie die seit Beginn des 5. Jahrhunderts einsetzende und langsam sich steigernde formale Individuation des Kunstwerks. Nicht zufällig liegen auch die Anfänge des Porträts im Sinne einer formal unverwechselbaren Wiedergabe einer geschichtlichen Person in dieser Zeit. Der Bildhauer Polyklet von Argos, dessen Schaffen in die zweite Hälfte des 5. Jahrhunderts fällt, hat als einer der ersten antiken Künstler seine Werke bewußt nicht nur an ihrer Aufgabe als religiöse Bildträger, sondern auch an einem von ihm selbst entwickelten und in einer eigenen Schrift niedergelegten aesthetischen „Kanon" gemessen.

Im 4. Jahrhundert v. Chr. sind dann Nachbildungen nach Werken des als „klassisch" empfundenen voraufgegangenen Jahrhunderts entstanden (s. o. S. 41 ff.), ja schon unmittelbar nach der Parthenon-Zeit finden sich im Kunstschaffen „Zitate" in großer Zahl. Sie alle erklären sich aus dem gleichen Sachverhalt. — Aber erst seit dem 2. Jahrhundert v. Chr., zugleich mit dem Einsetzen einer neuen Welle des Klassizismus, sind in größerer Zahl Kopien klassischer Meister geschaffen worden, die das als vorbildlich empfundene Werk im Sinne eines Bildungserlebnisses vergegenwärtigen wollen. Den Beginn dieser Epoche bezeichnet die Athena-Statue, eine Kopie nach der Athena Parthenos des Phidias, die der König Eumenes II. in der Bibliothek seiner Hauptstadt Pergamon aufstellen ließ (Tafel 2, 2). Der gebildete Römer der späten Republik und der Kaiserzeit sucht die Gesellschaft der „exempla" des klassischen Griechenlands, um der transzendierenden Überhöhung der eigenen Gegenwart Gestalt zu verleihen, die eigene „humanitas" zu dokumentieren. Es ist auffällig, daß Cicero im 4. Buch seiner zweiten Rede gegen den Kunsträuber C. Verres für Statuen das Wort „Signum" dem sonst durchaus gebräuchlicheren Wort „Statua" entschieden vorzieht: die Bildwerke haben für ihn zeichenhaften Aussagewert. Doch wäre es einseitig wenn nicht gar falsch, damit den römischen Kunstbetrieb als museales Phänomen zu erklären. Wie stark römische Kunst in ihrem Inhalt durch religiöse, politische und soziologische Kategorien geprägt ist und sich nur hieraus erklären läßt, zeigt schon die Untersuchung der „offiziellen" Denkmäler, jener Bauten, Statuen und Reliefs, die in der Öffentlichkeit die Religion und Staatsideologie der zum Weltreich gewordenen römischen Republik und dann des Imperium Romanum verkörpern.

Die Untersuchung des angedeuteten Problemkreises durch die Archäologie entspricht ihrem Auftrag im Rahmen einer allgemeinen Altertumswissenschaft. In den Worten E. Panofskys "it is obvious that historians of philosophy or sculpture are concerned with books and statues not in so far as these books and sculptures exist materially, but in so far as they have a meaning. And it is equally obvious that this meaning can only be apprehended by re-producing, and thereby, quite literally, 'realizing', the thoughts that are expressed in the books and the artistic conceptions that manifest themselves in the statues" (E. Panofsky, Studies in Iconology[2] Garden City, N. Y. 1962, S. 14): Es gilt, der inneren Bedeutung und Aussage eines einzelnen Werkes oder einer Gruppe von Werken nachzugehen. Sie werden verständlich erst vor dem Hintergrund der politischen und religiösen, philosophischen und poetischen und sozialen Ideen einer geschichtlichen Epoche, sind „symbolische Formen" ihrer geistigen Wirklichkeit. „Nicht Nachahmung dieser Wirklichkeit, sondern Organe sind jetzt die einzelnen Formen, sofern nur durch sie Wirkliches zum Gegenstand der geistigen Schau gemacht und damit als solches sichtbar gemacht werden kann" (E. Cassirer, Wesen und Wirkung des Symbolbegriffs. Darmstadt 1956, S. 79).

Zum Wesen der Bildenden Kunst in der Antike und ihrer religiösen Bestimmung hat K. Schefold zwei allgemein gehaltene Schriften veröffentlicht: Griechische Kunst als religiöses Phänomen (rde. 98, 1959). Römische Kunst als religiöses Phänomen (rde. 200, 1964), beide mit weiterführender Literatur. Vgl. auch E. Buschor, Vom Sinn griechischer Standbilder (1942). G. Kantorowicz, Vom Wesen der griechischen Kunst (1961). Die hier genannten Schriften sind freilich sehr stark weltanschaulich bedingt (vgl. dazu oben S. 29 f.). Über die Stellung der griechischen Philosophie zur Kunst B. Schweitzer, Platon und die bildende Kunst (1953). Zur Übersicht dient E. Grassi, Die Theorie des Schönen in der Antike (1962), mit Literaturübersicht. Zur Erklärung des Begriffs ἄγαλμα haben H. Bloesch, Agalma (Bern 1943) und Chr. Karusos, Περικαλλὲς ἄγαλμα, in Ἐπιτύμβιον Χρηστοῦ Τσούντα (Athen 1941), 535 ff. die Grundlagen gegeben. Nicht ganz zutreffend: K. Kerényi in: Kerygma und Mythos VI, Bd. 2 (hrg. v. H.-W. Bartsch, 1964), 51 ff. Weitere Untersuchungen auf diesem Gebiet sind ein dringendes Desiderat. Vgl. E. Bienveniste, Revue de Philologie 6, 1932, 118 ff. (Zusammenstellung von griechischen und vorgriechischen Bezeichnungen für „Statue"). — Kultbilder: Realenzyklopädie der klassischen Altertumswissenschaft, Suppl. V (1931), 472 ff. s. v. Kultbild (Val. Müller) und dass. Bd. IX, A 2 (1967), 2140 ff. s. v. Ξόανον (W.-H. Gross). Fr. Willemsen, Frühe griechische Kultbilder (1939). — Zur Bedeutung des Grabmals hat H. Biesantz, Die thessalischen Grabreliefs (1965), 51 ff. wichtige Beobachtungen und Literatur zusammengetragen. — Umwandlung der Kultmale in Kultstatuen: D. Ohly, Mitt. des Deutschen Archäol. Inst. Athen. Abt. 68, 1953, 25 ff. (zur Hera von Samos). Vgl. auch die Literatur bei H. G. Niemeyer, Promachos (1960), 17 ff. — Zu der immer noch umstrittenen Entstehung des Porträts in der griechischen Kunst. B. Schweitzer, Zur Kunst der Antike, Ausgewählte Schriften Bd. II (1963), 183 ff. Das Problem wird besonders vor der in Ostia gefundenen Herme des Themistokles diskutiert, vgl. hierzu H. Sichtermann, Gymnasium 71, 1964, 348 ff. (mit ausführlichen Literatur-

angaben) und D. Metzler, Untersuchungen zu den griechischen Porträts des 5. Jhdt. v. Chr. (1966). — Zum Kanon des Polyklet zuletzt
Fr. Hiller, Marburger Winckelmann-Programm 1965, 1 ff. — Das
Problem von Zitat, Motivaufnahme und „Kopie" im 5. und 4. Jahr-
hundert v. Chr. ist zusammenfassend noch nicht behandelt worden. Vgl.
die Bemerkungen von G. M. A. Richter, Three critical periods in
Greek Sculpture (Oxford 1952), 34, 37 f. A. Rumpf, Archäologie II
(1956), 81 ff. Zu einem Einzelgebiet vgl. S. Papaspyridi-Karusu,
Festschrift A. Rumpf (1952), 119 ff. Schon im Skulpturenschmuck des
Hephaisteion auf dem Kolonos Agoraios in Athen finden sich bewußte
motivische „Zitate", vgl. Ch. H. Morgan, Hesperia 31, 1962, 226 f.,
Taf. 80—82. — Für die römische Zeit, wenn auch teilweise überholt,
G. Lippold, Kopien und Umbildungen griechischer Statuen (1923).
Zur Kopie der Athena Parthenos aus Pergamon vgl. die oben S. 45
genannte Literatur. H. Jucker, Vom Verhältnis der Römer zur bil-
denden Kunst der Griechen (1950). Zur „offiziellen" römischen Kunst
vgl. G. Hamberg, Studies in Roman Imperial Art (Kopenhagen
1945). I. Scott Ryberg, Rites of the Roman State Religion, in:
Memoirs of the American Academy in Rome 22, 1955. R. Brilliant,
Gesture and Rank in Roman Art (Connecticut 1963). H. G. Niemeyer,
Studien zur statuarischen Darstellung der römischen Kaiser (1968).

Der methodische Weg, auf dem die Wissenschaft zu der in den Um-
rissen angedeuteten Fragestellung gelangt, führt über die inhaltliche
Erklärung und die ikonographische Analyse ebenso des einzelnen Bild-
werkes wie des gesamten Bildgutes einer Epoche. Indem hierdurch die
Fragestellung geschichtlich determiniert wird, müssen auch die Ergebnisse der stilistischen Untersuchung berücksichtigt werden. Die beiden
Bereiche der Interpretation des Kunstwerks ergänzen und bedingen
sich so wechselseitig.

Die Vielzahl der Ansatzpunkte für die Untersuchung entspricht der
Vielfalt des Bestandes antiker Kunst-Denkmäler und läßt den Versuch
einer strengen Systematik als aussichtslos erscheinen. „Monumentorum
artis qui unum vidit, nullum vidit; qui milia vidit, unum vidit" (Ed.
Gerhard, Rapporto Volcente, Annali dell'Instituto di Corrispondenza
Archeologica 1831, 111) ist in diesem Zusammenhang einer der ältesten
und meist zitierten Leitsätze. In der Tat ist ein Denkmal nur aus dem
Vergleich mit vergleichbaren, gleichartigen Denkmälern zu erklären. Es
ist dabei zunächst unerheblich, ob es sich um ein Instrument oder um
eine figürliche Darstellung handelt, oder ob diese als Teil einer größeren
künstlerischen Einheit eine dienende Funktion ausübte, oder als selb-

ständiges Werk den Inhalt allein verkörpert. Während jedoch ein einfacher Napf oder ein Handwerkszeug einer inhaltlichen Erklärung nicht bedarf und seine sachliche Erklärung oft genug an den Formen schon des einzelnen Stückes abzulesen ist, verlangt die Interpretation eines darstellenden Kunstwerkes die Einordnung in den Zusammenhang gleichartiger Darstellungen. Läßt sich ein bestimmter Darstellungsinhalt in Gestaltungen verschiedener Entstehungszeit und zugleich auch in verschiedenen Darstellungsmedien verfolgen, so hat die vergleichende Bildbeschreibung und -erklärung, die Ikonographie, neben der allgemeinen stilistischen Entwicklung auch die eigenen besonderen Gesetze der jeweiligen Denkmälergattung zu berücksichtigen. Großplastik und Kleinplastik, Reliefs in Marmor, Elfenbein, Bronze, Ton oder Halbedelstein, Wandmalerei oder keramische Malerei gehorchen jeweils verschiedenen Gesetzen, die im Material, in der Technik und in den absoluten Größendimensionen begründet sind.

Neben dem Vergleich mit der bildlichen Überlieferung steht als gleichwertiger, aber andersartiger methodischer Weg die Gegenüberstellung mit der literarischen Überlieferung offen. Beides sind durchaus selbständige Zweige der Überlieferung, so daß es vergeblich wäre, etwa im Denkmälerbestand der archaischen und klassischen Kunst Griechenlands nach unmittelbaren „Illustrationen" von Göttermythen und Kultlegenden, Heroensagen oder gar poetischen und literarischen Werken zu suchen. Gleichwohl sind beide von Anfang an denselben Grundlagen verpflichtet, denselben politischen, sozialen, religiösen und mythischen Vorstellungen, von denen mittelbar oder unmittelbar antike Kunst geprägt ist. In einer Zeit, in der die Kunst der Bildung dient, finden sich endlich auch direktere Entsprechungen von Bild und literarischem Vorwurf, etwa in den „Tabulae iliacae" genannten Reliefbildern. In der spätantiken Buchmalerei ist der Schritt zur Illustration vollzogen.

Das vornehmste Thema in der griechischen Kunst ist neben der bildlichen Vergegenwärtigung der Gottheit die Darstellung der Mythen. Der Mythos ist bezeichnet worden als „ein Sprechen in Bildern, Anschaulichkeiten, Vorstellungen, in Gestalten und Ereignissen, die übersinnliche Bedeutung haben", und zugleich als „Wirklichkeit, in deren Vorstellung empirische Realität und übersinnliche Wirklichkeit ursprünglich nicht bewußt getrennt werden" (Jaspers in: Jaspers-Bultmann, Die Frage der Entmythologisierung, München 1954, 89). Daneben gelten heute — wie in der Antike selbst — die griechischen Heldensagen als Mythen. In ihrem Kern beruhen diese Mythen auf geschichtlicher Erinnerung; sie spiegeln Ereignisse, die zum größeren Teil in die mykenische Frühzeit hinaufreichen. Die bildliche Darstellung des Mythos öffnet neben der Möglichkeit der Darstellung eines bestimmten, im Sinne einer Offenbarung empfundenen mythischen Geschehens — oder eines mythischen Zustandsbildes — auch den Weg zur poetischen Verdichtung menschlicher Verhaltensweise — und geschichtlicher Ereignisse. Dies führt schließlich zur Allegorie, die im Rahmen der antiken Bildersprache einen bedeutenden Platz einnimmt. Die römische Kunst übernimmt die griechischen Bildprägungen, ohne damit immer die gleichen Inhalte zu meinen. Auch die in Rom selbst entwickelten Bildvorstellungen sind oft nicht so sehr unmittelbare Darstellung, sondern dienen als „Vehikel" von Ideen und Ideologien, die durch jene in eine Bildersprache übersetzt werden. Die Allegorie (ἀλληγορέω = etwas durch ein anderes gleichnishaft sagen) kennt zwei Wege der Bildübersetzung: eine aus der antiken Literatur (und dem nicht so sehr mit ihr vertrauten Leser unter anderem aus den Schriften des Neuen Testaments) bekannte Form ist die Parabel, d. h. die Verbildlichung eines irrealen Vorganges durch ein als Gleichnis verstandenes reales Geschehen. So versteht die römische Antike die Darstellung einer Jagd oder eines Zirkusrennens im Reliefschmuck eines Sarkophags als Triumph und als Sinnbild menschlicher Bewährung. Es sind die merita, die eine ewige Seligkeit verheißen.

Umgekehrt kann auch ein mythisch-legendäres Geschehen einen realen historischen Zusammenhang bezeichnen. So ist schon in den Metopen des 448—432 v. Chr. entstandenen Parthenon die Darstellung der mythischen Siege der Athener über Kentauren und Amazonen, der Griechen über die Trojaner und der Götter über die Giganten neben der bildlichen Beschwörung mythischer Wirklichkeit auch eine Allegorese der in der jüngsten historischen Vergangenheit errungenen Erfolge Athens über die Perser. Postumus, Kaiser des gallischen Sonderreiches 260—268 n. Chr., verstand seine Regierung unter dem allegorischen Bilde der Taten des Herkules, wie die Rückseiten einer größeren, in Köln geprägten Münzserie lehren können. Wenn schließlich der König Attalos II. von Pergamon (Regierungszeit 159—138 v. Chr.) seine Siege über die kleinasiatischen Gallier nicht nur mit Darstellungen von Gallierkämpfen feiert, sondern außer Amazonen- und Gigantenkämpfen, also mythischen Bildern — auch noch eine Gruppe kämpfender Perser hinzufügt, so tritt hier neben die freilich im Formalen idealisierte unmittelbare Vergangenheit außer zwei mythischen Allegorien noch eine historische Allegorie: die Beschwörung der Perserkriege von 494—448 v. Chr. sollte die aktuellen Erfolge sinnbildhaft in einen größeren geschichtlichen Rahmen stellen.

Eine Verkürzung der Bildersprache führt zur Verwendung von Symbolen und symbolischen Akten und Gesten, und dies nicht nur in der darstellenden Kunst, sondern schon in der Wirklichkeit des staatlichen und religiösen Lebens selbst. Dies gilt vor allem für das Zeremoniell am Hofe des römischen Kaisers und die öffentliche Selbstdarstellung des Staatsbeamtentums. Die Gesten der Pietas, der Concordia, der Clementia, Liberalitas oder auch der Adlocutio wird man viele Male im Laufe feierlicher Staatsakte gesehen haben. Sie erscheinen dann auf den Münzen und an den offiziellen Denkmälern wie den Statuen der Kaiser und den Staatsreliefs, um den Vollzug, sei es als einmalige Handlung, sei es als Machtbefugnis oder gefeierte Tugend, im Bewußtsein der Bürger lebendig zu halten. Ein besonders langes Leben als Symbol besitzt der Gestus des ἀποσκοπεῖν, bei dem eine Hand schützend über die Augen gelegt wird. Er symbolisiert die Verehrung einer als anwesend oder in der Erscheinung empfundenen Gottheit schon in der Bronzezeit im minoischen Kreta.

Gegenständliche Symbole sind gerade aus der römischen Kunst in größerer Zahl bekannt. Das „Palladion", das nach der Legende von Aeneas aus den Trümmern von Troja gerettete und nach Rom gebrachte ehrwürdige Kultbild der Athena, garantierte wie schon für Troja, so auch für die Stadt am Tiber Bestand und Sicherheit. Im Tempel der Vesta auf dem Forum Romanum von den Vestalinnen behütet, mußte es bei der Eroberung Roms durch die Gallier nach Veji mitgeführt werden: das Fortbestehen des Staates war vom Besitz des Palladion abhängig, seine Zerstörung oder auch nur der Raub durch die Feinde hätte den Untergang bedeutet. Die Darstellung des Palladions stand folgerichtig als Symbol für die aeternitas Romae, und wenn bei der Statue eines römischen Kaisers im Panzer das Palladion im Reliefschmuck der Brustplatte erscheint, so werden darin Anspruch und Verpflichtung deutlich, als Princeps des Staates dessen ewigen Bestand zu garantieren. Auch die Darstellung von Personifikationen kann allegorisch-symbolischen Charakter haben. Eine der großartigsten Gestalten symbolischer Thematik findet sich wiederum am Parthenon: hier sind, mythisches Geschehen rahmend, die Gestirnsgottheiten Helios und Selene in den Ecken des Ostgiebels angebracht, „als Symbol der ewigen kosmischen Gesetze" (Schefold, Klassisches Griechenland, Baden-Baden 1965, 117). Sie kehren wieder in den Metopen, Helios den Weltentag der Gigantomachie auf der Ostseite, Selene den Untergang Trojas auf der Nordseite ankündigend.

In der römischen Kaiserzeit gehören die Jahreszeiten zum festen Repertoire der Symbolsprache. Seit ihrem ersten Auftreten in der römischen Kunst, an einem der Reliefs vom Grabmal der Haterier (kurz vor 100 n. Chr.), werden sie als Knaben gebildet, der Frühling mit Blüten und Blumenkorb, der Sommer mit Ährenbüschel, der Herbst meist mit Weintrauben und Früchten, der Winter oft mit einem über den Kopf gezogenen Mantel, aber auch wohl unverhüllt mit erlegtem Wildpret. Die Darstellung dieser Genien ist von Anfang an in der ganz allgemein an Symbolen außerordentlich reichen Sepulcralkunst verbreitet. Hier deuten sie auf eine ewig sich erneuernde Glückseligkeit, die den Toten im Jenseits erwartet, auf die Felicia tempora. Im Laufe der Entwicklung nehmen sie einen immer höheren Rang ein. Waren sie am Hateriergrab eine im Format winzige Zufügung, so drängen sie auf einem Sarkophag des 3. Jahrhunderts n. Chr. in New York alle anderen Motive durch ihre monumentale Gestaltung in den Hintergrund. Die Eindringlichkeit dieser Vorstellung ist sehr bald dem Kaiserkult dienstbar gemacht worden. Am Traiansbogen von Benevent stehen die Jahreszeiten in den Zwickelreliefs neben der Durchfahrt,

Abb. 13 Römischer Sarkophag mit Dionysos zwischen den vier Jahreszeiten, in der Antikensammlung der Staatl. Kunstsammlungen Kassel (nach: S. Reinach, Répertoire de Reliefs Grecs et Romains II, Paris 1912, 57; vgl. die Literatur S. 112 f.)

ebenso später an den stadtrömischen Triumphbögen für Septimius Severus und Konstantin. Medaillonbüsten der Jahreszeiten rahmen das Bildnis Konstantins auf dem Mosaikboden in der Südkirche von Aquileia, in voller Gestalt gliedern sie den zweiten Fries des kaiserlichen Mausoleums von Centcelles bei Tarragona. Ihre Darstellung an öffentlichen Bauten blieb der kaiserlichen Triumphalsymbolik vorbehalten, und sie erscheinen als „Vehikel" kaiserlicher Propaganda auf den Münzprägungen. Nun sind die Jahreszeiten Boten der Felicitas des vom regierenden Kaiser geführten Zeitalters, erhöhen ihn durch die kosmische Allegorie über das menschliche Maß.

Die symbolische oder allegorische Bedeutung einer figürlichen Darstellung gibt sich keineswegs immer auf den ersten Blick zu erkennen. So hat man gerade in den Darstellungen, welche sich auf die antiken, griechischen, römischen und orientalischen Mysterienkulte beziehen, erst allmählich den Sinngehalt der in diesem Bereich besonders vielfältigen Symbole erkannt. Auf der anderen Seite ist besonders in den Anfängen der Archäologie, von Fr. Creuzer (1771–1858), Th. Panofka (1800 bis 1858), aber auch Ed. Gerhard (1795–1867) und anderen, vieles symbolisch erklärt worden, was bei Anwendung strenger Kritik eine solche Deutung durchaus nicht zuläßt. Gerade die Bilderwelt der griechischen Vasenmalerei, an der sich der Symbolismus Fr. Creuzers entzündet hatte, erfordert immer wieder neue Erklärungsversuche, ohne daß in der Forschung bisher Übereinstimmung oder ein Generalnenner gefunden worden wäre. So hat ein neuerlicher Vorschlag, bei den in Gräbern gefundenen, figürlich bemalten Vasen durchweg eine Verbindung zum Jenseitsglauben zu erweisen und in sportlichen Szenen „Analogiezauber", in mythischen Szenen „Beispiele und Mahnung" und schließlich in erotischen Darstellungen das „Weiterleben uralter phallischer Symbolik" zu erkennen, verständliche Kritik und Ablehnung ausgelöst. Das Problem, dessen Lösung zum Verständnis der griechischen Bilderwelt entscheidend beitragen würde, bleibt damit weiter bestehen. Es wird dadurch noch kompliziert, daß Darstellungen mythischer Erfahrung und solche der Alltagswirklichkeit sich ikonographisch oft gar nicht unterscheiden. Nur antike Namensbeischriften lassen eine allgemein gültige Bildprägung wie den Abschied eines Kriegers von seiner Frau zu der von Homer (Ilias VI, 344 ff., 484 ff.) geschilderten Szene werden, in der Hektor von seiner Frau Andromache Abschied nimmt. Ebenso ist auch bei Bildern aus einem größeren mythischen Zusammenhang nicht immer eine nähere Bestimmung der Darstellung bzw. der dargestellten Figuren möglich. Die großartige Schale des Münchener Museums für antike Kleinkunst, in deren Innenbild man den tödlichen Kampf zwischen Achill und Penthesilea erkannte, hat dem Künstler den Namen „Penthesilea-Maler" eingetragen. Doch ist die Identifizierung der Gestalten des Bildes keineswegs exakt zu belegen, wie sehr auch die Charakterisierung der Personen und der Situation von Ethos und Können des Malers zeugen mag. Es könnte einfach der Kampf eines Griechen gegen eine Amazone gemeint sein.

Ein wichtiges Hilfsmittel, das der ikonographischen Untersuchung zur Verfügung steht, ist die Kenntnis der antiken Tracht und Bewaffnung sowie der Attribute und Insignien, mit denen mythische und historische Personen in ihrem Rang ausgezeichnet werden. Schon diese Kenntnisse haben eine besonders sorgfältige Zusammenstellung gleichartiger und bezeichnender Denkmäler zur Voraussetzung. Sie dienen nicht nur deren ikonographischer Betrachtung und Deutung, sondern zugleich der Erklärung und Illustration antiker Bräuche und Sitten. Die griechische darstellende Kunst hat im allgemeinen auf die wirklichkeitsgetreue Wiedergabe „antiquarischer" Einzelheiten wie der Tracht und der Bewaffnung keinen allzugroßen Wert gelegt. Gerade der oft wiederholte aber nie ganz erfolgreiche Versuch, die Gewandung der archaischen Mädchenstatuen, wie sie in großer Zahl auf der Akropolis von Athen gefunden worden sind, im Sinne realer Gewänder zu interpretieren, hat einmal mehr gezeigt, daß formale Gesichtspunkte als vorrangig empfunden wurden. Ganz anders sind römische Denkmäler durch das Bestreben gekennzeichnet, die historische Realität unverwechselbar wiederzugeben. Wenn ein solcher antiquarischer Sachverhalt einmal zweifelsfrei festgestellt ist, kann er für die Erklärung oft die entscheidenden Hinweise geben: so hat etwa die Deutung der großen Villenanlage bei Piazza Armerina im Inneren Siziliens und ihres reichen Schmucks an Fußbodenmosaiken von der Interpretation der Gewandung eines im Mosaik dargestellten Mannes seinen Ausgang genommen. Und daß die Tracht des römischen Kaisers, der Senatoren, Ritter und einfachen Bürger jedenfalls für Auftritte in der Öffentlichkeit sehr genau festgelegt war, erfahren wir nicht nur aus der römischen Literatur sondern auch aus den Denkmälern.

Zur Ikonographie und Motivkunde in der neueren Kunstgeschichte vgl. H. L a d e n d o r f, Die Motivkunde und die Malerei, in: Festschrift

E. Trautschold (1965), 173 ff. (mit reichen Literaturnachweisen). In der archäologischen Forschung sind jetzt die Arbeiten von N. Himmelmann-Wildschütz zu vergleichen, vor allem: Zur Eigenart des klassischen Götterbildes (1959) und: Erzählung und Figur in der archaischen Kunst. Abhandlungen der Akad. d. Wiss. Mainz 1967, Nr. 2. Im übrigen sind auch hier die Untersuchungen zu Einzelproblemen wichtig, vgl. etwa H. Luschey, Zur Wiederkehr archaischer Bildzeichen in der attischen Grabmalkunst des 4. Jahrhunderts v. Chr., in: Neue Beiträge zur klassischen Altertumswissenschaft (Festschrift B. Schweitzer, 1954) 243 ff. K. Schauenburg, Göttergeliebte auf unteritalischen Vasen, Antike und Abendland 10, 1961, 77 ff. B. Andreae, Herakles und Alkyoneus, Jahrb. des Deutschen Archäol. Inst. 77, 1962, 130 ff. P. Zanker, 'Iste ego sum'. Der naive und der bewußte Narziß, Bonner Jahrb. 166, 1966, 152 ff. E. Simon, Boreas und Oreithyia auf dem silbernen Rhyton in Triest, Antike und Abendland 13, 1967, 101 ff. — Zur Frage der Illustration: A. Greifenhagen, Ein Satyrspiel des Aischylos? 118. Berliner Winckelmann-Programm (1963). M. Schmidt, Herakliden. Illustrationen zu Tragödien des Euripides und Sophokles, in: Festschrift Karl Schefold (4. Beiheft zu Antike Kunst, Basel 1967). A. Sadurska, Les tables iliaques (Warschau 1964). K. Weitzmann, Ancient Book Illuminations (Cambridge Mass. 1959). — Zur römischen Bildersprache: J. M. C. Toynbee, Picture-language in Roman Art und Coinage, in: Essays in Roman Coinage presented to Harold Mattingly (Oxford 1956) 205 ff. B. Andreae, Studien zur römischen Grabkunst (9. Ergänzungsheft der Mitt. des Deutschen Archäol. Inst. Rom, 1963). Zirkusrelief im Lateran: G. Rodenwaldt, Jahrb. des Deutschen Archäol. Inst. 55, 1940, 12 ff. Zur römischen Grabsymbolik vgl. noch Th. Hauschild — S. Mariner Bigorra — H. G. Niemeyer, Torre de los Ecipiones, Madrider Mitt. 7, 1966, 162 ff., bes. 180 ff. — Postumus: O. Doppelfeld in: Römer am Rhein. Katalog der Ausstellung in Köln 1967, 343 (mit Literatur). Der römischen Bildersprache hat A. Alföldi zahlreiche Untersuchungen gewidmet, vgl. seine Bibliographie in: Bonner Historia Augusta Colloquium 1964/65 (Antiquitas Reihe 4 Bd. 3, 1966). — I. Jucker, Der Gestus des Aposkopein (Zürich 1956). Zum Palladion: Vgl. die oben S. 15 genannten Handbücher s. v. und die bei H. G. Niemeyer, Studien zur statuarischen Darstellung der römischen Kaiser (1968) zu Katalog-Nr. 56 angeführte Literatur. Die hier Tafel 6, 2 abgebildete Statue des Hadrian zeigt auf dem Panzer Palladion und Wölfin. Jahreszeiten: G. M. A. Hanfmann, The Season-Sarcophagus in Dumbarton Oaks (Cambridge Mass. 1951). F. Matz, Ein römisches Meisterwerk. Der Jahreszeitensarkophag Badminton - New York. Jahrb. des Deutschen Archäol. Inst., 19. Ergänzungsheft (1958). — Hatariergrabmal: E. Simon in: W. Helbig, Führer durch die öffentlichen

Sammlungen klassischer Altertümer in Rom I (4. Aufl. 1963) 773 ff.
Neuerdings hat das Martin-von-Wagner-Museum in Würzburg einen
Jahreszeitenaltar der Jahre 40/50 n. Chr. (Angaben nach Postkarte des
Museums) erworben. — H. Kähler, Die Stiftermosaiken in der kon-
stantinischen Südkirche von Aquileia. Monumenta Artis Romanae IV
(1962). H. Schlunk, Untersuchungen im frühchristlichen Mausoleum
von Centcelles, in: Neue Deutsche Ausgrabungen im Mittelmeergebiet
und im Vorderen Orient (1959) 344 ff. Ders. und Th. Hauschild,
Vorbericht über die Arbeiten in Centcelles, Madrider Mitt. 2, 1961,
119 ff., vgl. bes. Taf. 34 ff.
Die Denkmäler zu den eleusinischen Mysterien sind zuletzt zusammenfassend behandelt von G. Mylonas, Eleusis and the Eleusinian Myste-
ries (Princeton 1961). — F. Cumont, Textes et Monuments relatifs
aux Mystères de Mithra (1896—1899). M. J. Vermaseren, Corpus
inscriptionem et monumentorum religionis Mithriacae I, II (Leiden 1956,
1960). R. Merkelbach, Die Kosmogonie der Mithrasmysterien, in:
Eranos-Jahrb. 34, 1965, 219 ff. Vgl. allgemein die oben S. 17 genannte
Reihe Études préliminaires usw. — Zu einzelnen Kultgemeinschaften
z. B. H. Volkmann, Neue Beiträge zum Nemesiskult, Archiv für
Religionswissenschaft 31, 1934, 57 ff. Unter anderem hat auch die Interpretation römischer Mosaikfußböden wichtige Erkenntnisse über Kult-
und Mysterienvereine und ihre Symbolsprache vermittelt, vgl. etwa
J. Moreau, Das Trierer Kornmarktmosaik. Monumenta Artis Romanae II (1960). L. Foucher, La maison de la procession dionysiaque
à el-Djem (Tunis 1964). — Vasenbilder als Jenseitsmagie: E. Langlotz
in: Robert Boehringer. Eine Freundesgabe (1957) 397 ff. Vgl. S. Ferri,
La Parola del Passato 16, 1961, 174 ff. B. B. Shefton, Journal of
Hellenic Studies 85, 1965, 257. Zur Thematik attischer Vasenmalerei
allgemein: H. Metzger, Recherches sur l'imagerie Athènienne (Paris
1965). Penthesilea-Schale: München, Museum antiker Kleinkunst Nr. 2688.
P. E. Arias — B. B. Shefton — M. Hirmer, A History of Greek
Vase Painting (London 1962) 351 f.
Antiquarische Forschung ist in der jüngeren Zeit vielfach vernachlässigt
worden. Es ist symptomatisch, daß das teilweise veraltete, teilweise
unzulängliche, wenn auch seinerzeit verdienstvolle Buch von M. Bieber,
Entwicklungsgeschichte der griechischen Tracht (1934) einen unveränder-
ten Nachdruck erfahren hat. Die ältere Spezialliteratur findet man unter
den betreffenden Stichworten in: Realenzyklopaedie der klassischen
Altertumswissenschaft, und vor allem in: Ch. Daremberg — E. Sag-
lio, Dictionnaire des antiquités Grecques et Romaines (Paris 1877—
1919). Wichtig bleiben auch die im einzelnen überholten Schriften von
H. Blümner: Technologie und Terminologie der Gewerbe und Künste
bei Griechen und Römern (1912). Die römischen Privataltertümer (1911).

An neueren Untersuchungen vgl. z. B. A. Alföldi, Insignien und Tracht
der römischen Kaiser, Mitt. des Deutschen Archäol. Inst. Röm. Abt. 50,
1935, 1 ff. Ders., Hasta. Summa Imperii, American Journal of Archaeology 63, 1959, 1 ff. (beide Arbeiten gehen freilich über den „antiquarischen" Rahmen weit hinaus). H. Thiersch, Ependytes und Ephod
(1936). J. Fink — H. Weber, Beiträge zur Trachtengeschichte
Griechenlands (1938). Zur Tracht der archaischen Mädchenstatuen
W. Darsow, Mitt. des Deutschen Archäol. Inst. 4, 1951, 85 ff. Frisuren
römischer Kaiserinnen: M. Wegner, Archäol. Anzeiger 1938, 276 ff.
K. Wessel, Archäol. Anzeiger 1946/47, 62 ff. — P. Jacobsthal,
Greek Pins (Oxford 1956). — D. Rebuffat-Emmanuel, Ceintu-
rons italiques, Mélanges d'Archéologie et d'Histoire 74, 1962, 335 ff. —
H. Brandenburg, Studien zur Mitra (1965). — G. M. A. Richter,
The Furniture of the Greeks, Etruscans and Romans (London 1966). —
O. Lau, Schuster und Schusterhandwerk in der griechisch-römischen
Literatur und Kunst (Diss. Bonn 1967)
Piazza Armerina: H. P. L'Orange in: Acta ad Archaeologiam et
Artium Historiam pertinentia (Hrsg. H. P. L'Orange — H. Torp) 2,
1965, 65 ff.

„Die erste Voraussetzung für das richtige Deuten ist das richtige
Sehen." Diese Worte hat C. Robert seiner archäologischen Hermeneutik vorangestellt. Zum richtigen Sehen gehört einmal die „peinlich
genaue Beobachtung jeder Einzelheit" (Robert), zum anderen die Fä-
higkeit, das zu deutende, durch die Betrachtung zunächst isolierte
Denkmal in den antiken geistigen Zusammenhang zurückzuversetzen
und diesen wieder zu verlebendigen. Denn nur so kann die Entstehung
des Denkmals voll verständlich werden. Das Erkennen, welches dem
Sehen folgt und das Deuten vorbereitet, hat „die richtigen Empfin-
dungen und Vorstellungen" (E. Buschor, Handbuch der Archäologie I,
1939, 6) von den antiken Gegebenheiten zur Voraussetzung. Nur in
der Praxis archäologischer Arbeit kann das Zusammenspiel der man-
nigfachen Voraussetzungen, Methoden und Hilfsmittel erfahren und
seine Anwendung erlernt werden. Aus dem Bestand an Ergebnissen
hermeneutischer Forschung mögen drei in gebotener Kürze nacherzählte
Beispiele dies erläutern.

1. Athen, National-Museum, Inv. 11.036, Pinax
Tafel 7, 1

(Vgl. E. Simon, Neue Deutung zweier eleusinischer Denkmäler des 4. Jahrhunderts v. Chr.: Antike Kunst 9, 1966, 86—91, Taf. 20 [dort auch die ältere Literatur].)

Im Nationalmuseum von Athen befindet sich eine etwa um 370 v. Chr. gearbeitete rotfigurige bemalte Tontafel, ein Pinax, die von einer Frau namens Niinion „den beiden Göttinnen" geweiht wurde, wie die eingeritzte antike Weihinschrift sagt. Da der Pinax im Heiligtum von Eleusis gefunden wurde, können hiermit nur Demeter, die Herrin des Heiligtums, und ihre Tochter Kore/Persephone gemeint sein, die in Eleusis verehrt wurden. Der Pinax besteht aus einem fast quadratischen, gerahmten Bildfeld, das von einem flachen, gerahmten und von einer Palmette bekrönten Giebel abgeschlossen wird. Beide sind mit figürlichen Szenen bemalt. Im Rechteckfeld sitzen rechts die Göttinnen Demeter und Kore, durch Szepter als Herrinnen des Heiligtums charakterisiert. Einige der eleusinischen Kultgeräte, Truhen, Kultbinden, ein Omphalos, eine kleine ionische Säule als Weihgeschenkträger, zwei heilige Zweigbündel, sog. Bakchoi, die bei den Mysterienfeiern von den Eingeweihten getragen wurden, kennzeichnen als Inventar den Ort der Handlung. „Den sitzenden Göttinnen naht ein fröhlicher Zug von zwei Frauen, einem Knaben und zwei Männern ... zum Teil bewegen sie sich wie im Tanze." Sie sind bekränzt und tragen einfache Zweige — nicht jene Bakchoi. Zwischen ihnen und den Göttinnen stehen ein Jüngling und eine Frau mit Fackeln in beiden Händen; sie führen den Zug der Adoranten an. Die Göttin ist als die seit alters in Eleusis verehrte Hekate gedeutet worden, in dem Jüngling ließ sich auf Grund von inhaltlich verwandten und in einem Falle durch Namensbeischrift gesicherten Darstellungen ein Vertreter der eleusinischen Priesterschaft, Eumolpos, erschließen. Der kleine Giebel zeigt in der Mitte eine tanzende Frau, daneben eine Flötenbläserin, einen bärtigen Tänzer, der wie der Jüngling im Hauptbild eine Weinkanne trägt, und einen gelagerten Zecher.

Man hat in diesem Bild die Darstellung eines Aktes der Feiern der großen eleusinischen Mysterien erkennen wollen, den Einzug der Prozession in Eleusis, und im Giebel die daran anschließende Nachtfeier παννυχίς. Dabei ist jedoch übersehen worden, daß das Treiben der dargestellten Personen dem heiligen Ernst der großen Mysterien nicht angemessen ist: „ohne den Fundort Eleusis und ohne die eleusinischen Attribute hätte man sich gewiß nicht gescheut, diese fröhliche Gesellschaft beim rechten Namen zu nennen. Es sind Komasten mit ihren Hetären, mit der Flötenbläserin und dem Knaben, der beim Symposion den Wein ausschenkt. Da die Hetären das Zubehör zum Symposion selbst mitzubringen hatten, trägt die eine ein Ränzlein wie der Komast hinter ihr; die Zweige und die auf dem Kopf getragenen Thymiaterien (Weihrauchschalen) verleihen jedoch diesem Treiben einen rituellen Charakter. Sie gehören nicht nur zum Symposion, wenn sich auch die Hetären beim Gelage gern mit Weihrauchdüften umgaben, sondern sind zugleich Weihegaben. Das Ganze findet ja auch im Telesterion, unter den Augen der großen Eleusinierinnen statt. Bei welchem Anlaß war ein solches Treiben erlaubt? Es fällt auf, daß die Hetären die Hauptpersonen in diesem Komos sind. Die eine tanzt in der Mitte des Giebels, nach der anderen wendet sich Hekate um, die dritte schreitet hinter Eumolpos. Nur die Hetären erheben vor Demeter und Kore die Rechte zum Gruß. Sie scheinen die eigentlichen Besucherinnen des Heiligtums zu sein; die Männer bleiben im Hintergrund. Alle diese Züge passen zu einem bestimmten eleusinischen Fest, den Haloa. Sie wurden im Winter gefeiert zur Zeit der Sonnenwende. Im Telesterion fand ein Frauengelage statt, Hetären durften daran teilnehmen. Die Feier hatte einen ausgelassenen Charakter, zügellose Reden waren erlaubt. Wein und Speisen gab es in Fülle". Eine willkommene Bestätigung der neuen Interpretation ist der Name der Weihenden selbst, welcher der Form nach der einer Hetäre war: „sie hat auf ihrem Weihgeschenk für Demeter und Kore das Fest darstellen lassen, an dem sie sich ganz in ihrem Element zeigen konnte, als Hetäre im Komos, und doch zugleich als geachtete Adorantin der eleusinischen Göttinnen".

2. Neapel, Museo Nazionale, Inv. 72823, Bronzerelief
Tafel 7, 2

(Vgl. A. Rumpf, Ein einzig dastehender Fall, in: Analecta Archaeologica. Festschrift Fritz Fremersdorf, Köln 1960, S. 93—98, Taf. 21—22.)

1832 wurde in Pompeji in der Casa dei capitelli figurati ein Bronzerelief gefunden, das einst als kunstvoller Beschlag eine römische Truhe

geziert hatte. Dargestellt ist links eine sitzende, zur Mitte gewandte
Frau, ihr gegenüber ein auf einen Stab gestützter, glatzköpfiger und
bärtiger Alter, zwischen ihnen stehend ein Eros — durch die Flügel als
einzige Person der Szene sicher deutbar —, der ein Schreibtäfelchen, ein
‚Diptychon' in den Händen hält. Das Relief wurde gedeutet nach der
oberflächlichen — bei der Kleinheit und mäßigen Handwerksarbeit
nicht besser zu erwartenden — Ähnlichkeit des alten Mannes mit einem
Porträt des Sokrates. Auch dieser glatzköpfige Alte also sollte Sokrates
sein, und so blieb nur noch die Aufgabe der Deutung der weiblichen
Gestalt: „ein einzig dastehender Fall ist es, daß sogar eine Stelle, oder
richtiger eine Situation aus einem platonischen Dialog illustriert wird,
das Gespräch des Sokrates mit der mantineïschen Seherin Diotima,
von dem dieser im Gastmahl erzählt." (C. Robert, Archäologische Hermeneutik, 1919, 211). Diese Deutung ging allerdings davon aus, daß
der Gegenstand in den Händen des Eros ein Toilettenkästchen sei, „ein
Behälter für das Rüstzeug Cupidos", er sollte den Inhalt des Gesprächs symbolisieren. Eine kritische Prüfung zeigte jedoch, daß die
Ähnlichkeit des Alten mit dem Porträt des Sokrates nur sehr allgemein
ist — Bart, Glatze —, und sich auch nur auf einen Porträt-Typus bezieht, der diesen Namen im Gegensatz zu anderen Sokrates-Porträts
gar nicht mit Sicherheit verdient und seit jener Deutung des Truhen-
reliefs auch ernsthaft angezweifelt worden war. Auch mußte die „Gno-
mengestalt" des Alten im Vergleich mit dem zwar nicht schönen, aber
gegenüber der plumpen Gestalt des Reliefs doch imposanten Körper
der Londoner Sokrates-Statuette nachdenklich stimmen. In den Worten A. Rumpfs: „ist schließlich ein Unterschied zwischen Sokrates und
einem Gartenzwerg. Zu solch ungeschlachtem Körper und solch sauer-
töpfischem Gesicht darf man nicht Philosophen vergleichen; die Ana-
logien müssen wir in einer niederen Sphäre suchen, und dort finden
wir sie auch. Es sind die Terrakotten von Schulmeistern, deren Beruf
durch die Knaben, die sie begleiten, die sie teilweise im Diptychon,
oder der Rolle lesen lehren, hinreichend charakterisiert ist. Wären ihre
Köpfe von den Körpern getrennt gefunden worden, wahrscheinlich
würden sie da auch einmal als Sokrates erklärt worden sein ... Das
Diptychon, das Eros hält, bestätigt diese Deutung ... Ja, in dem
Spazierstock möchte man wohl die ‚ferula', das Insigne und Instrument des Schulmeisters, erkennen. Also Schulunterricht des Eros." Damit ergibt sich auch die Benennung der Sitzenden, „diese Frau kann
dann nur Aphrodite sein. Aus Herondas wissen wir, daß auch im

Altertum sich Mütter beim Lehrer über die Leistungen oder über die mangelnden Leistungen ihrer Söhne aussprachen." Und als Ergebnis der kritischen Überprüfung der bisherigen Deutung „entschwindet denn aus der antiken bildenden Kunst die Illustration oder vielmehr die symbolische Interpretation einer Stelle des Platon ... und damit ein einzig dastehender Fall".

3. Athen, National-Museum, Nr. 15.161, Bronzestatue des Poseidon
Tafel 8

(Vgl. das kurzgefaßte Referat von R. Lullies bei R. Lullies und M. Hirmer, Griechische Plastik, 2. Aufl. München 1960, S. 58 f. und die dort angegebene Literatur, besonders L. Curtius, Interpretationen von sechs griechischen Bildwerken. Bern 1947, 69 ff. Vgl. zur Künstlerfrage neuerdings J. Dörig, Jahrb. des Deutschen Archäol. Inst. 80, 1965, 142 f.)

Die Statue, eines der großartigsten Originalwerke der griechischen Kunst, wurde 1928 vor der Nordspitze der Insel Euböa beim Kap Artemision im Meer gefunden, zusammen mit Resten anderer Bronzestatuen. Es handelte sich um die Ladung eines Schiffes, das nach Ausweis der mitgefundenen Keramik im 1. Jahrhundert v. Chr. Kunstwerke aus Griechenland an einen uns unbekannten Ort im römischen Imperium bringen sollte. Die Statue, über deren Entstehung vor der Mitte des 5. Jahrhunderts v. Chr. auf Grund der stilistischen Eigentümlichkeit weitgehende Einmütigkeit besteht, zeigt einen kraftvollen Mann in leichter Schrittstellung nach rechts. Der linke Fuß steht voll auf, der rechte berührt nur mit Zehen und Ballen den Boden. Der nach hinten erhobene rechte Arm führte eine Waffe, die die Hand locker umschloß; im Gegensinn ist der linke Arm gerade vorgestreckt und bis in die Finger gespannt. Der mächtige, kräftig modellierte Körper öffnet sich ganz dem Blick des Betrachters, der Kopf ist ins Profil gedreht, der Blick geht in die Wurf- oder Stoßrichtung der von der Rechten geführten Waffe.

Die Frage nach der Art der Waffe und der Natur des Dargestellten wurde anfangs verschieden beantwortet. Das statuarische Motiv war besonders von Darstellungen kämpfender Götter bekannt: Zeus, der mit der erhobenen Rechten den Blitz umfaßt hält und in Ausfallstellung auf seine Feinde einstürmt, Athena, die in der vorgestreckten

Linken den Schild führt, in der Rechten die zum Stoß bereite Lanze, schließlich Herakles mit der Keule. Ein blitzschwingender Zeus sollte denn auch die Statue vom Kap Artemision sein. Aber bei den Bronzestatuetten, die diesen Typus zeigten, hielt doch die rechte Hand den Blitz fest umklammert, während die Hand der Statue nur locker das verlorene Attribut umfaßte, der Zeigefinger leicht abgespreizt war. Auch trug das Zeusbild, das jene Statuetten spiegelten, den zu ihm gehörenden Adler auf der vorgestreckten linken Hand. Hiervon war an der Statue keine Spur zu entdecken. Die Haltung der rechten Hand, besonders des Zeigefingers, führte zu einem anderen Vorschlag: es war seit langem bekannt, daß der griechische Wurfspeer mit einer Schlinge ausgerüstet war. Mit ihrer Hilfe gab man dem Geschoß beim Abwurf den letzten Schwung und einen Drall, der es sicher zum Ziele führen sollte. Eine solche Schlinge hätte der Zeigefinger gehalten, und es handele sich also um die Siegerstatue eines Wettkämpfers im Speerwurf, wie sie in großer Zahl für die griechischen Heiligtümer aus der antiken Literatur zu belegen waren. Die mit 2,09 m gut überlebensgroße Statue von Kap Artemision widersprach jedoch dieser Deutung schon durch die Dimension: es war im Griechenland des 5. Jahrhunderts nicht üblich, einen Sterblichen größer als im menschlichen Maß darzustellen. Also ein unbekannter Heros oder Gott, für den Speer und Speerwurf kennzeichnend waren? Dies klang wenig wahrscheinlich. Auch führen beim Speerwurf meist zwei Finger die Schlinge, nicht einer wie an der Statue.

Die richtige Deutung wurde schon bald gesehen und schließlich allgemein anerkannt: „ergänzt man aber, wie wiederholt versucht, die rechte Hand mit einem Dreizack, den Poseidon, der Bruder des Zeus, der Herr des Meeres, der Gewässer und der Erdbeben, führt, so erklärt sich die Haltung der rechten Hand widerspruchsloser ... durch die Absicht des Künstlers eine gewisse elastische Mühelosigkeit darzustellen, mit welcher der gewaltige Gott die Elemente regiert" (L. Curtius). So gedeutet, erhalten die Erscheinungen ihren Sinn: wohl läßt das hoheitsvolle Antlitz an den höchsten Gott des griechischen Olymps denken, doch in Stirnhaar und Bart ist einer fließenden, wenn auch gebändigten Bewegtheit Ausdruck verliehen, die nicht Zeus selbst, sondern eher seinem jüngeren Bruder zukommt. Es blieb die Frage, warum ein griechischer Bronzebildhauer den Poseidon hier in einem Typus gearbeitet haben sollte, der sonst unter den Göttern allgemein dem Zeus vorbehalten war. Sie wird vielleicht durch eine bei Herodot (VII 192)

überlieferte Nachricht beantwortet: die Griechen hätten nach dem
Schiffbruch der persischen Versorgungsflotte vor dem Kap Artemision,
den mit göttlicher Hilfe zum rechten Augenblick aufgetretene Stürme
herbeigeführt hatten, den Poseidon als Sotér, als Retter verehrt. Sotér
ist aber ein sonst für Zeus bezeichnender Beiname, und mit ihm verbindet sich auch die Vorstellung des Vorkämpfers, wie sie die genannten Bronzestatuetten des Zeus und auch die Statue vom Kap Artemision bildlich vergegenwärtigen. Bestechend war weiter die Verbindung mit einer zweiten von Herodot (IX 81) überlieferten Nachricht,
daß von der Beute aus der Schlacht von Plataeae (479) eine sieben Ellen
hohe Bronzestatue des Poseidon im Poseidon-Heiligtum auf dem Isthmus von Korinth errichtet worden sei. Freilich, sieben griechische Ellen
sind etwas mehr als zweieinhalb Meter; aber, wenn man die Statue von
Kap Artemision mit der im Heiligtum am Isthmus gleichsetzen will,
darf man vielleicht annehmen, daß in dem bei Herodot überlieferten
Maß eine hohe Basis mit einbezogen ist. Die Hypothese ist zwar nicht
exakt zu beweisen, birgt aber gleichwohl einen gewissen Grad von
Wahrscheinlichkeit in sich.

Der hohe Rang der Poseidon-Statue als in sich geschlossener Individualität, als künstlerischer Schöpfung, gehört nicht mehr in den Rahmen
dieser Betrachtung. Ludwig Curtius schloß seine eindringliche Aus-
legung dieses Meisterwerkes griechischer Plastik mit den Worten: „So
flutet die Unendlichkeit des Lebens um die Figur. Aber in ihrem kör-
perlichen Beharren wird es zu Form und Gestalt, und Welt ist nicht
abstrakte Idee, nicht zielloses Schweifen und sich Verlieren, sondern
Menschentum, das sich behauptet, in dem es sich verzehrt und dem
Wunder der Schöpfung die Sprache seiner Leidenschaft verleiht."

VIII. NACHTRAG

Die vor zehn Jahren erstmals veröffentlichte ›Einführung in die Archäologie‹ war von vornherein nicht als umfassende und systematische Darlegung des Fachgebietes beabsichtigt. Ein solcher Versuch ist bekanntlich seit Carl Otfried Müllers ›Handbuch der Archäologie der Kunst‹, 1830 in erster Auflage erschienen, mit Erfolg nicht mehr unternommen worden, obschon der Wunsch danach nie verstummt ist und heute angesichts der Situation der Lehre an den Universitäten vielleicht als besonders wünschenswert erscheinen könnte. In der Tat ist nicht zu verkennen, daß überhaupt die Gegenwart an Überblicken und Zusammenfassungen in einem Maße interessiert ist wie kaum eine Zeit vor ihr. Die Gründe dafür zu erläutern, muß den Kulturanthropologen, Soziologen und Philosophen überlassen bleiben, die sich mit der Analyse der Gegenwart auseinandersetzen, zumal es sich nicht um ein auf die Archäologie beschränktes Phänomen handelt. Hier ist soviel festzuhalten, daß gerade in den letzten Jahren eine erstaunliche Fülle von einführenden oder allgemeinen Darstellungen antiker Kunst und Archäologie erschienen ist, die einerseits eine Art von Standardwissen resümieren oder auch erst konstituieren, andererseits oft über einen systematisch geordneten und einigermaßen repräsentativen bibliographischen Anhang den Zugang zu weiterführender Literatur ververmitteln. Diese Werke, die sich heute zumeist auch an den allgemein interessierten Leser richten, geben zugleich dem Studierenden wie dem Vertreter der benachbarten Fächer rasche Auskunft über Wissensstand und Interpretationsweise, oft auch im Hinblick auf spezielle Teilbereiche der Wissenschaft (z. B. Architektur, Vasenmalerei, einzelne Epochen oder kulturhistorische Teilräume). Und bei aller notwendigen Beschränkung auf die als charakteristisch ausgewählten Denkmäler zielen sie auf die Entwicklung eines in sich schlüssigen und geschlossenen Bildes. Sie haben insofern eher informativen als didaktischen Charakter.

Im Gegensatz dazu ging es der vorliegenden ›Einführung‹ darum, unter bewußtem Verzicht auf jegliche Art von Darstellung der kulturellen oder kunstgeschichtlichen Entwicklung in ihrer Gesamtheit, an wiederum ausgewählten Beispielen aus der Forschungsgeschichte, der

Denkmälerkunde, der archäologischen Hermeneutik deutlich zu
machen, mit welchen Zielen, mit welchen Methoden und unter welchen
Prämissen diese Wissenschaft betrieben wird. Es wurde weiter davon
ausgegangen, daß gerade für den Studenten des Faches — für den die
›Einführung‹ zwar nicht ausschließlich, aber doch in erster Linie gedacht ist — ein sinnvoller und dem normalen Studiengang entsprechen-
der Einstieg in die aktuelle Forschung am ehesten über die jeweils
neuere Literatur zu Spezialproblemen möglich ist — von welcher dann
der Weg auch zu älteren wissenschaftlichen Standardwerken ja erfah-
rungsgemäß leicht gefunden wird, auch abgesehen von den eben
genannten bibliographischen Übersichten. Die Notwendigkeit einer
zweiten Auflage hat die Richtigkeit dieser Konzeption bestätigt. In
dem Maße, wie der dynamische Charakter der Wissenschaft stärker
betont wird, gewinnt die Diskussion, soweit sie sich im gedruckten
Worte äußert, ihren besonderen Stellenwert für die Darstellung. In
diesem Sinne soll in dem kurzen Nachtrag, den der Verlag für die
Neuauflage bewilligt hat, der Akzent gelegt werden auf Untersuchungen, welche die archäologische Forschung der letzten 10 Jahre mit
geprägt haben oder die besonders diskutiert worden sind. Absichtlich
wurde besonders solche Literatur berücksichtigt, mit welcher während
des Studiums ohnehin gearbeitet wird. Ganz verzichtet wurde auf die
Diskussion neuerer Grabungsergebnisse und -publikationen. Es konnte
ferner nicht daran gedacht werden, zu allen einzelnen Abschnitten der
›Einführung‹ die neuerschienene Literatur nachzutragen. Die Auswahl
muß auch deswegen in hohem Maße subjektiv bleiben, weil auf wenigen
Seiten selbst ein nur annähernd repräsentativer Querschnitt aus der
von Jahr zu Jahr steigenden Flut von Neuerscheinungen ganz un-
möglich ist: Die Bibliographie zum Jahrbuch des Deutschen Archäologischen Instituts (vgl. oben S. 16) verzeichnete für das Jahr 1936 die
bereits damals nahezu unübersehbare Zahl von ca. 3500 Neuerscheinungen. Diese Zahl war nach dem letzten Weltkrieg 1955 mit ca. 3400
Titeln fast wieder erreicht, dann jedoch bald überschritten und ist
heute, selbst nach Einführung strengerer Auswahlkriterien, bereits ver-
doppelt! Weiterhin ist bis zu einem gewissen Grade die deutschsprachige Literatur bevorzugt genannt worden. Dies soll nicht bedeuten,
daß die fremdsprachige Literatur weniger wichtig wäre. Es ist eher das
Gegenteil der Fall. Doch werden von den gegenwärtigen Studenten-
generationen die notwendigen Fremdsprachenkenntnisse mehr und
mehr erst während des Studiums erworben. Aber auch der Student im

ersten Semester, der diese Einführung zur Hand nimmt, sollte ja mit den bibliographischen Verweisen schon etwas anfangen können. Die im folgenden vorgenommene Gliederung ergab sich aus dem unvollkommen gelungenen Versuch, die aufzulistenden Arbeiten nach ihrem methodischen Ansatz zu ordnen. Der Kürze halber werden Zeitschriften zitiert nach dem zuletzt im Archäologischen Anzeiger 1976 (Beiblatt zum Jahrbuch des Deutschen Archäologischen Instituts) veröffentlichten Abkürzungsverzeichnis.

I. Gesamtdarstellungen, Übersichten, Sammelwerke

Sie sind als besonders charakteristischer Publikationstyp des letzten Jahrzehnts schon genannt worden. Wohl das anspruchsvollste und aufwendigste Unternehmen stellt die Festschrift für J. Vogt dar, die unter dem Titel ›Aufstieg und Niedergang der Römischen Welt‹ (Bd. I 1 ff., 1972 ff., hrsg. v. H. Temporini; bisher sind erschienen 8 Bände mit ca. 8300 Seiten) versucht, die neuere Forschung zu möglichst allen Aspekten der römischen Geschichte und Kultur in Spezialartikeln kritisch zu beleuchten oder zusammenfassend darstellen zu lassen, also auch aus dem Bereich der Archäologie und der Geschichte der Römischen Kunst.

In diesem Zusammenhang sind zwei neuere internationale Unternehmen einer Gesamtkunstgeschichte zu erwähnen, die, beide auf verschiedene Weise, durch eine eigenartige Loslösung der sprachlichen Darstellung von der Abbildung der Denkmäler gekennzeichnet sind. Grundsätzlich für ein breites Publikum geschrieben, dürften zumindest einige Bände dieser vielbändigen Produktionen auch für die Wissenschaft unbestrittenen Rang und langen Bestand gewinnen. Hier werden jeweils die Bände genannt, die der römischen Kunst gewidmet sind: In B. A n d r e a e 's ›Römische Kunst‹ (Herder, Freiburg 1974, aus der Reihe Ars Antiqua) bleibt die Masse der vorbildlich reichen Bilddokumentation auf den Anhang verwiesen, während sich die Darlegung der einzelnen Epochen auf ein Minimum signifikanter „capolavori" konzentriert. R. B i a n c h i - B a n d i n e l l i s Spätwerk ›Rom, Zentrum der Macht‹ (1970) und ›Rom — das Ende der Antike‹ (1971) in der Reihe ›Universum der Kunst‹ (dt. bei Beck, München, dazu: ›Etrusker und Italiker vor der römischen Herrschaft‹ von R. B i a n c h i - B a n d i n e l l i und A. G i u l i a n o, 1974) stellt, wie alle Bände dieser Reihe, aus Gründen der unvermeidlichen internationalen verlagstechnischen Kooperation Text und Bild ohne

jeden vermittelnden Verweis nebeneinander (vgl. auch die wohlfeilere
Zusammenfassung der ersten beiden Bände unter dem Titel ›Die römische
Kunst‹ in den Beck'schen Sonderausgaben, München 1975).

Dem Bemühen um eine auf längere Sicht gültige Zusammenschau ist
als komplementäre Erscheinung die schon zum Zeitpunkt der ersten
Auflage der ›Einführung‹ erkennbare Tendenz zur Wiederaufnahme
bzw. Fortsetzung und Erweiterung des sog. „Corpus-Gedankens" zuzuordnen. Entstanden oder konzipiert im vergangenen Jahrhundert
und in der Überzeugung, die einzelnen aus der Antike übernommenen
Denkmälergattungen wie römische Sarkophage oder Porträts, griechische figürlich bemalte Vasen oder etruskische Aschenurnen oder Hand-
spiegel in jeweils absehbarer Zeit vollständig erfassen zu können, gilt
er heute manchen von der Konzeption her vielleicht als veraltet. Trotzdem sind diese Compendien eine ebenso nützliche wie notwendige, ja
unentbehrliche Voraussetzung für jede weitere wissenschaftliche Arbeit.
Zahllose Reprints der letzten Jahre beweisen das zur Genüge. Die
neueren Unternehmungen dieser Art gehen in den Leistungen meist
erheblich über ihre Vorläufer hinaus.

Die 1962 von W.-H. S c h u c h h a r d t begründete Reihe ›Antike Plastik‹
(vgl. hierzu u. a. F r. M a t z , Gnomon 38, 1966, 68 ff.) hat heute in
bisher 16 Lieferungen und auf knapp 2000 Tafeln schon mehr als das
Doppelte an Abbildungen vorgelegt wie einer seiner Vorbilder, die
von H. B r u n n begründeten ›Denkmäler griechischer und römischer
Skulptur‹. Allerdings können ältere Sammelwerke in manchen Fällen
modernen Anforderungen nicht genügen. Aussprüche wie: «presque tout,
en dépit des apparences, reste à faire dans le domaine des arts», (A l a i n
H u s über die etruskische Kunst in: Les siècles d'or de l'histoire
étrusque. Coll. Latomus Bd. 146, 1976, S. 268) sind symptomatisch. In
welchem Maße etwa die Neuedition der Parthenon-Skulpturen durch
F r. B r o m m e r (oben S. 64, dazu: F r. B r o m m e r , Der Parthenon-
fries. 1977) die Diskussion über diesen zentralen Denkmäler-Komplex neu
belebt hat, läßt sich an der jährlichen Bibliographie gut ablesen, vgl.
z. B. E. B e r g e r , Die Geburt der Athena im Ostgiebel des Parthenon
(Basel 1974), I. B e y e r , Die Peplosfigur Wegner im Parthenon-
Ostgiebel, AM 89, 1974, 123 ff., E. P e m b e r t o n , AJA 80, 1976,
113 ff. (zur Göttergruppe des Ostfrieses). Andere, teilweise seit Gene-
rationen betriebene Denkmälereditionen sind noch oder wieder in vollem
Gange (vgl. z. B. unten unter IV, Die antiken Sarkophagreliefs).
Gerade abgeschlossen wird die Sammlung der griechischen Grabreliefs:
E. P f u h l († 1940), Die ostgriechischen Grabreliefs, hrsg. u. erg. v.
H. M ö b i u s (1977), mit ca. 2300 Stücken (!). Neu begründet wurden,

oftmals auf der Grundlage älterer Projekte, u. a. 1963 das Corpus
Signorum Imperii Romani (die ersten Faszikel erscheinen seit 1967, vgl.
E. K ü n z l , BJb. 171, 1971, 720 ff.; H. G a b e l m a n n , Gnomon 48,
1976, 593 ff.), eine Sammlung der römischen Bronzen in den westlichen
römischen Reichsprovinzen (hrsg. vom Römisch-Germanischen Zentral-
museum Mainz für Deutschland, Österreich, Schweiz, Belgien, Luxem-
burg; dazu A. N. Z a d o k s - J i t t a u. a., Roman Bronze Statuettes
from the Netherlands. Bd. 1 u. 2. 1967/69; für französische Sammlungen
vgl. die Supplementbände der Zeitschrift Gallia), weiter das Corpus der
minoischen und mykenischen Siegel (CMS, Bd. I ff., 1964 ff.) und die
Reihe Antike Gemmen in deutschen Sammlungen (Bd. I ff., 1968 ff.),
schließlich das Repertorium der christlich-antiken Sarkophage (vgl.
J. E n g e m a n n , Gnomon 41, 1969, 489 ff.).

II. Epochen

Mit diesem Stichwort sind jene Phasen des Kulturablaufs gemeint, in
denen Neues sich anbahnt, Wandlungen sich abzeichnen, Entwicklungen
zu ihrem Ende kommen. Ihnen hat sich die Forschung seit jeher mit
großer Aufmerksamkeit zugewendet, wohl aus dem Grunde, weil hier
die Interdependenz der historischen Phänomene besonders spürbar
wird. Sehr intensiv und aufschlußreich ist z. B. die Diskussion über das
Ende der bronzezeitlich-mykenischen Kultur und den Beginn der
griechisch-geometrischen sowie über die dazwischen liegenden "Dark
ages".

Gerade in den Jahren seit 1966 sind zur Erklärung der hier nicht näher
zu erläuternden Vorgänge die verschiedensten Theorien angeboten worden. Hier seien genannt: R. C a r p e n t e r , Discontinuity in Greek
Civilization. 1966. V. R. d'A. Desborough, The Greek Dark Ages. 1972.
A. M. S n o d g r a s s , in: Bronze Age Migrations in the Aegean (hrsg.
v. C r o s s l a n d u. B i r c h a l l) 1974, 209 ff. Vgl. Ph. P. B e t a n -
c o u r t , Antiquity 50, 1976, 40 ff., zugleich an einen größeren Inter-
essentenkreis richtet sich H. v a n E f f e n t e r r e , La Seconde Fin
du Monde. 1976. Für die „Homerische Zeit" allgemein vgl. jetzt das
in Lieferungen erscheinende Handbuch Archaeologia Homerica (1967 ff.,
vor dem Abschluß) sowie B. S c h w e i t z e r , Die geometrische Kunst
Griechenlands. 1969. J. B o u z e k , Homerisches Griechenland. 1969.

Eine weitere Epoche in dem genannten Sinne ist der sog. „orientali-
sierende Horizont" des späteren 8. und des 7. Jh. v. Chr. zu nennen,

der ein nahezu das gesamte Mittelmeergebiet umfassendes Kultur-
phänomen ist und zumal für die Entwicklung in Griechenland, Italien
und auf der Iberischen Halbinsel entscheidende Bedeutung besitzt.

Vgl. z. B. I. S t r ø m , Problems concerning the Origin and Early
Development of the Etruscan Orientalizing Style. 1971 (Nachträge bei
P. G. G u z z o , ArchCl 24, 1972, 157 ff.). A. G i u l i a n o , Arte
Orientalizzante. 1975. Wichtig sind auch hier immer wieder die Spezial-
studien, z. B. M. E. A u b e t , Los Marfiles Orientalizantes de Praeneste.
1971. J. M. B l á z q u e z , Tartessos y los Origenes de la Colonización
Fenicia en Occidente. 2. Aufl. 1975 (dazu H. G. N i e m e y e r , BJb.
176, 1976, 452 ff.). H. H e n c k e n , Tarquinia and Etruscan Origins.
1968, und: Tarquinia, Villanovans and Etruscans. 1968. I. T h i m m e ,
Phönizische Elfenbeine. Bildhefte des Badischen Landesmuseums Karls-
ruhe. 1973. Die Neubelebung der Forschungen zur phönizischen Kultur
findet ihren sichtbarsten Ausdruck in der Gründung der Rivista di Studi
Fenici, hrsg. v. Centro di Studio per la Civiltà Fenicia e Punica, Rom,
Bd. 1 ff., 1973 ff. Allgemein orientalische Importe in Griechenland sind
entsprechend dem gegenwärtigen Forschungsstand zusammengestellt von
H.-V. H e r r m a n n , RLA IV (1972—1975) 303 ff. s. v. Hellas.

Die Diskussion über eine der geschichtlich bedeutsamsten „Epochen" im
Bereich der griechischen Kunst, die Übergangsphase von der Archaik zur
Klassik des späteren 5. und 4. Jh. v. Chr., der sog. „Strenge Stil" (vgl.
oben S. 23, S. 86 ff.), ist durch die 1970 erschienene Monographie von
B. S i s m o n d o R i d g w a y , The Severe Style in Greek Sculpture,
neu belebt worden (vgl. dies., The Man-and-Dog-Stelai, JdI 86, 1971,
60 ff.; vgl. auch die Rezension von G. B e c a t t i , ArchCl 23, 1971,
160 ff. Zu den Reliefs vgl. noch E. B e r g e r , Das Basler Arztrelief.
1970. S. 33 ff., 99 ff.; H. H i l l e r , Ionische Grabreliefs der ersten
Hälfte des 5. Jh. v. Chr. 1975). Die in besonderer Eindringlichkeit die
Epoche charakterisierende Gruppe der Tyrannenmörder (vgl. oben
S. 72 ff.) ist umfassend behandelt von St. B r u n s å k e r , The Tyrant-
Slayers of Kritios and Nesiotes, 2. Aufl. 1971. Vgl. dazu K. S c h e f o l d ,
Wort und Bild, 1975, 63 ff. Ähnliche Bedeutung für die Epoche haben die
Giebelskulpturen des Aphaia-Tempels von Aegina: D. O h l y , Die
Ägineten. Bd. I, 1976. Vgl. R. M. C o o k , The Dating of the Aegina
Pediments, JHS 94, 1974, 171 ff., und die des Zeustempels von Olympia:
B. A s h m o l e — N. Y a l o u r i s , Olympia. The Sculptures of the
Temple of Zeus. 1967. H.-V. H e r r m a n n , Olympia. 1972; vgl. bes.
S. 133 ff. (dort auch die ältere Literatur). Dazu P. G r u n a u e r , Der
Westgiebel des Zeustempels von Olympia. JdI 89, 1974, 1 ff. (behandelt
u. a. die 1972 anläßlich der Olympiade in München aufgebaute neue
Rekonstruktion).

Probleme des Wandels, des Übergangs, der Rezeption und Neubelebung werden schließlich in zahllosen jüngeren Studien diskutiert,
die auf den ersten Blick der Aufarbeitung von Denkmälergruppen oder
bestimmten Kunstlandschaften gewidmet sind.

Z. B. D. W i l l e r s , Zu den Anfängen der archaistischen Plastik in
Griechenland. 1975. F r. H i l l e r , Formgeschichtliche Untersuchungen
zur griechischen Statue des 5. Jh. v. Chr. 1971. A. B o r b e i n , Die Grie-
chische Statue des 4. Jh. v. Chr., JdI 88, 1973, 43 ff. — Hellenismus in
Mittelitalien. Kolloquium in Göttingen vom 5.—9. 6. 1974. Hrsg.
P. Z a n k e r 1976. Dazu W. T r i l l m i c h , Das Torlonia-Mädchen.
Zu Herkunft und Entstehung des kaiserzeitlichen Frauenporträts. 1976.

Zumal die Kunst der römischen Kaiserzeit hat immer wieder neue
Ansätze in der bewußten Auseinandersetzung mit der Kunst der voraufgegangenen Jahrhunderte entwickelt:

F. P r e i s s h o f e n — P. Z a n k e r , Reflex einer eklektischen Kunst-
anschauung beim auctor ad Herennium, DArch 1, 1970/71, 100 ff.
G. Ch. P i c a r d , Formation du Classicisme Romain, RendPontAcc 46,
1973/74, 49 ff. P. Z a n k e r , Klassizistische Statuen. Studien zur Veränderung des Kunstgeschmacks in der römischen Kaiserzeit. 1974 (dazu:
W. H. G r o s s , GGA 228, 1976, 238 ff.). — Welche Rolle dabei
originale griechische Kunstwerke in Rom gespielt haben, zeigt u. a.
G. B e c a t t i , Opere dell'Arte Greca nella Roma di Tiberio, ArchCl
25/26, 1973/74, 18 ff. (Politische, juristische und ökonomische Aspekte des
Kunstraubs erläutert M. P a p e , Griechische Kunstwerke aus Kriegs-
beute und ihre öffentliche Aufstellung in Rom. Diss. Hamburg 1975).
Aufschlußreich ist es, die Auffassung vom stets neu rezipierten Alex-
ander-Bildnis zu verfolgen, vgl. D. M i c h e l , Alexander als Vorbild
für Pompeius, Caesar und M. Antonius. 1967. V. v o n G r a e v e , Ein
attisches Alexanderbildnis und seine Wirkung, AM 89, 1974, 231 ff.
Vgl. E. v o n S c h w a r z e n b e r g , The Portraiture of Alexander.
Fondation Hardt, Entretiens sur l'Antiquité Classique XXII (1976),
223 ff.

III. Denkmälergruppen und -gattungen

Ihnen sind die meisten der Untersuchungen gewidmet, die hier genannt werden können. Der alte, Eduard Gerhard zugeschriebene Merk-
satz: „primum monumentum, deinde philosophari", findet darin seine
Bestätigung. Gleichwohl sind auch und gerade bei diesem „Typus"
wissenschaftlicher Untersuchung bzw. Veröffentlichung die Tendenzen

zu neuen methodischen Ansätzen deutlich geworden (vgl. auch unten unter IV).

So stehen neben der positivistisch anmutenden Denkmäler-Edition von G. M. A. R i c h t e r , The Portraits of the Greeks. 1965, Untersuchungen wie die von W. G a u e r , Die griechischen Bildnisse der Klassischen Zeit als politische und persönliche Denkmäler, JdI 83, 1968, 118 ff., D. M e t z l e r , Porträt und Gesellschaft. 1971 (hierzu vgl. L. S c h n e i d e r , Gnomon 46, 1974, 397 ff.) und T. H ö l s c h e r , Die Aufstellung des Perikles-Bildnisses, Würzburger Jahrbücher, N. F. 1, 1975, 187 ff. — Auf anderen Gebieten dagegen werden die traditionellen Ansätze der voraufgehenden Forschergeneration eher vertieft. Dies gilt zumal für den großen Bereich der Untersuchungen zur griechischen Vasenmalerei, in dem unter dem beherrschenden Einfluß der monumentalen Gelehrtenpersönlichkeit J. D. Beazleys (1886—1970) die sog. „Vermeisterung" der uns erhaltenen Vasengattungen und -gruppen weiter vorangetrieben worden ist, z. B. J. N. C o l d s t r e a m , Greek Geometric Pottery. 1968. C. M. S t i b b e , Lakonische Vasenmaler des 6. Jh. v. Chr. 1973. Die verhältnismäßig kleine und marginale Gruppe der attischen sog. Pferdekopf-Amphoren aus dem frühen 6. Jh. v. Chr. ist dabei gleich zweier Paralleluntersuchungen gewürdigt worden: A. B i r c h a l l , JHS 92, 1972, 46 ff. und Mª. G. P i c o z z i , StudMisc 18, 1971, 5 ff., vgl. ArchCl 24, 1972, 378 ff., mit dem Ergebnis, daß unsere Kenntnis um die vermutliche Existenz eines „Pittore H 1", oder eines „Painter of the Syracuse Horse-Head" bereichert ist. — Monographien zu bedeutenderen Malerpersönlichkeiten sind zahlreich: A. B. F o l l m a n n , Der Pan-Maler. 1968. M. W e g n e r , Douris. 1968. F. F e l t e n , Thanatos- und Kleophon-Maler. 1971. M. W e g n e r , Der Brygos-Maler. 1973. H. M o m m s e n , Der Affecter. 1975. A. L e z z i - H a f t e r , Der Schuwalow-Maler. 1976. Beazley's Ergänzungen zu seinen nach Vasenmalern und -Werkstätten geordneten Œuvre-Katalogen der attischschwarzfigurigen und attisch-rotfigurigen Vasen sind 1971 unter dem Titel „Paralipomena. Additions to Attic black-figure vase-painters and to Attic red-figure vase-painters" posthum erschienen (Nachträge: RA 1975. 293 ff.). — Für Untersuchungen zu dem gewiß wichtigsten Teilbereich der Ikonographie stehen als Grundlage jetzt zur Verfügung: F r. B r o m m e r , Vasenlisten zur griechischen Heldensage. 3. Aufl. 1974. Dazu: F r. B r o m m e r , Denkmälerlisten zur griechischen Heldensage. Bd. I—IV, 1971—1977.

Auf dem Felde der römischen Kunst sind gleichermaßen Schwerpunkte auszumachen, die in den letzten Jahren intensiv diskutiert worden sind: das Porträt, das sog. „Historische Relief" und die

Sarkophagkunst. Die Porträtforschung ist dabei außerordentlich verfeinert worden und heute zumal für das Herrscherporträt in der Lage, innerhalb der Ikonographie der einzelnen Kaiser und Mitglieder des Kaiserhauses die verschiedenen Porträt-Typen zu scheiden und ihr Verhältnis zueinander, zu anderen Medien der gleichzeitigen Kunst und zur kunst-, geschmacks- und ideengeschichtlichen Entwicklung allgemein zu bestimmen.

Neben Untersuchungen zu einzelnen Kaisern, z. B. E. M. M c C a n n , The Portraits of Septimius Severus, MemAmAc 30, 1968; D. S o e c h - t i n g , Gnomon 43, 1971, 202 ff.; W. H o r n b o s t e l , Severiana. JdI 87, 1972, 348 ff.; D. S o e c h t i n g , Die Porträts des Septimius Severus. 1972. W. T r i l l m i c h , Gnomon 46, 1974, 284 ff. Daneben steht die Fortführung größerer Übersichtswerke, z. B. Das römische Herrscherbild III 1: H. B. W i g g e r s — M. W e g n e r , Caracalla bis Balbinus. 1971. R. C a l z a , Iconografia Romana Imperiale: Da Carausio a Giuliano (287—363 d. C.). 1972. Einen Überblick über die Entwicklung der Forschung zum römischen Porträt versucht: H. v o n H e i n t z e , Römische Porträts (Wege der Forschung Bd. 348). 1974 (mit ausführlicher Bibliographie). Nützlich sind sorgfältigere Kataloge von Porträtsammlungen wie z. B. K. F i t t s c h e n , Katalog der Antiken Skulpturen in Schloß Erbach. 1977. Es ist nur selbstverständlich, daß die Porträtforschung auf monumentale Porträts nicht beschränkt ist, vgl. z. B. H. J u c k e r , Der große Pariser Kameo, JdI 91, 1976, 211 ff. (mit reichen Lit.-Angaben u. Verweisen auf weitere Denkmäler). — In der neueren Forschung zum sog. Historischen Relief ist u. a. die Frage diskutiert worden, ob die darstellenden Reliefs an Triumph- und Ehrenbögen konkrete historische Ereignisse meinen oder Allegorien seien, z. B. der virtutes des betreffenden römischen Kaisers, vgl. z. B. F. J. H a s s e l , Der Traiansbogen in Benevent. 1966. K. F i t t s c h e n , Das Bildprogramm des Traiansbogens von B., AA 1972, 742 ff. W. G a u e r , Zum Bildprogramm des Traiansbogens von B., JdI 89, 1974, 308 ff. Die „allegorische" Seite vertritt auch z. B. L. R i c h a r d s o n Jr., ArchCl 27, 1975, 72 ff. Strittige Datierungen — vgl. z. B. F. M a g i , Brevi Osservazioni su di una nuova Datazione dei Relievi della Cancelleria, RM 80, 1973, 289 ff. (mit älterer Literatur) — sowie Neueditionen und -interpretationen — z. B. L. V o g e l , The Column of Antoninus Pius. 1973 (dazu G. D a l t r o p , Gnomon 47, 1975, 506 ff. und R. T u r c a n , RA 1975, 305 ff.). H. P. L a u b s c h e r , Der Reliefschmuck des Galerius-Bogens in Thessaloniki. 1975. D e r s ., Arcus Novus und Arcus Claudii, Zwei Triumphbögen an der Via Lata in Rom, NGG. 1976 Nr. 3 — zeigen, wieviel auch sonst noch auf diesem Felde zu leisten ist. — Vielleicht noch zahlreicher sind die Veröffentlichungen zu den römischen

Sarkophagen. Über den Stand der Diskussion, auch gerade zur wichtigen
Frage der allegorischen Interpretation, unterrichten u. a. B. A n d r e a e
(Hrsg.), 2. Symposion über die antiken Sarkophagreliefs, AA 1977, 327 ff.
J. E n g e m a n n, Untersuchungen zur Sepulkralsymbolik der späteren
Kaiserzeit. 1973. Vgl. dazu zuletzt H. W r e d e in Festschrift für
G. Kleiner (1976) 147 ff. Im Rahmen des monumentalen, auf Otto Jahn
(† 1869) zurückgehenden und seit 1890 in weiten Abständen erscheinen-
den Editionswerkes ›Die antiken Sarkophagreliefs‹ sind zu nennen
M. W e g n e r, Die Musensarkophage. 1966. F r. M a t z, Die dio-
nysischen Sarkophage. 1968—1975. G. K o c h, Die mythologischen
Sarkophage 6. Meleager. 1975. —

IV. Der historische Kontext

Wenn für die letzten beiden Jahrzehnte als charakteristisch das Bemühen genannt werden kann, an die großen Denkmäler-Editionen aus
den Jahrzehnten vor und um 1900 anzuknüpfen sowie Dokumentation
und Formanalyse zu bewundernswerter Perfektion oder Vollständigkeit zu führen, so ist gleichermaßen unverkennbar, daß das Interesse
am historischen Kontext der Denkmäler ständig wächst.

Diese geschichtliche Dimension ist dabei durchaus als eine Vielfalt zu
verstehen, zusammengesetzt aus kulturellen, politischen, sozialen, ökono-
mischen und schließlich auch räumlichen Bezügen (W. S c h i n d l e r,
Strukturauffassungen. Bemerkungen zu Fragen der Strukturforschung in
der klass. Archäologie, WZ Univ. Jena 18, 1969, H. 4 S. 107 ff.; vgl.
N i e m e y e r, Methodik der Archäologie, in: Enzyklopädie der geisteswiss. Arbeitsmethoden Lfg. 10 (1974) 242 ff.). Auch ein formgeschicht-
liches Problem wird so „letztlich eine rein historische Frage, bei der es
primär um Veränderungsphasen und -prozesse geht" (Z a n k e r, Klassizistische Statuen S. XVII, vgl. oben unter II.). Ikonographie, d. h. Untersuchung eines geschichtlichen Phänomens der Bildersprache, wird so zur
Ikonologie, die den 'Wortschatz' als Symbol einer geschichtlichen Situation mit allen ihren spezifischen Bezügen interpretiert (vgl. oben S. 103 f.).
Symptomatisch sind Untersuchungen, die bestimmte Denkmälergruppen
auf ihren sozialen Kontext befragen, vgl. z. B. H. W r e d e, Das Mausoleum der Claudia Semne und die bürgerliche Plastik der Kaiserzeit,
RM 78, 1971, 125 ff. W. T r i l l m i c h, Bemerkungen zur Erforschung
der römischen Idealplastik, JdI 88, 1973, 247 ff. L. A. S c h n e i d e r,
Zur sozialen Bedeutung der archaischen Korenstatuen. Hamburger Beiträge zur Archäologie, Beih. 2. 1975. P. Z a n k e r, Grabreliefs römi-

scher Freigelassener. JdI 90, 1975, 267 ff. (vgl. auch Metzler, s. o. unter
III.), oder deren besonderer Funktion im Zusammenhang einer Ausstattung eines öffentlichen oder eines privaten Bauwerks nachgehen. Hier-
bei spielen, wie sich immer deutlicher herausstellt, Malerei und Plastik
eine verwandte Rolle. Vgl. z. B. H. W r e d e, Die spätantike Hermen-
galerie von Welschbillig. 1972. C. S a l e t t i, Il ciclo statuario della
Basilica di Velleia. 1968. D. M. B r i n c k e r h o f f, A Collection of
Sculpture in Classical and Early Christian Antioch. 1970. (Dazu:
J. L a s s u s, RA 1973, 162 ff.) C h r. S c h w i n g e n s t e i n, Die
Figurenausstattung des griechischen Theatergebäudes. 1977. H. M a n -
d e r s c h e i d, Die Skulpturenausstattung der kaiserzeitlichen Thermen-
anlagen. Diss. Köln 1977. — Nirgendwo läßt sich der Kontext von
Malerei und geschichtlichem Lebensraum so unmittelbar begreifen wie
in Pompeji: vgl. B. A n d r e a e — H. K y r i e l e i s (Hrsg.), Neue
Forschungen in Pompeji und den anderen vom Vesuvausbruch 79 n. Chr.
verschütteten Städten. 1975. Programmatisch ist auch die Ausmalung
stadtrömischer Familiengräber zu verstehen, vgl. z. B. N. H i m m e l -
m a n n, Das Hypogäum der Aurelier am Viale Manzoni. Abh. Mainz
1976. Die Ausmalung stadtrömischer Wohnpaläste hat sich nur selten und
fragmentarisch erhalten. In gewissem Sinne eine Ausnahme stellt die
domus transitoria des Nero dar: F. L. B a s t e t, Domus Transitoria,
BABesch 46, 1971, 144 ff. Ebda. 47, 1972, 61 ff. Erstmals zusammen-
hängend sind in den letzten Jahren die Wandmalereien aus den westlichen Reichsprovinzen behandelt worden: A. B a r b e t, Recueil général
des peintures murales de la Gaule. I 1 Glanum. 1974. Vgl. dazu A. L i n -
f e r t, Römische Wandmalereien aus der Grabung am Kölner Dom.
Kölner Jb. f. Vor- u. Frühgesch. 13, 1972/73, 65 ff. Gleiches wie für die
Wandmalerei gilt auch für die Mosaiken, die einerseits als wichtiger
Überlieferungszweig der Flächenkunst, andererseits hinsichtlich ihrer
programmatischen Aussage im baulichen Kontext untersucht werden.
Über die Literatur informiert seit 1968 das Bulletin d'information de
l'Association Internationale pour l'Etude de la Mosaique Antiqué (zuletzt erschienen: Fasc. 6, 1976. Vgl. auch H. S t e r n [Hrsg.], La
Mosaique Gréco-Romaine. Actes du IIe Colloque International pour
l'Etude de la Mosaique Antique tenu à Vienne 1971 [1975]). Die Interdependenz der verschiedenen methodischen Ansätze läßt sich beispielhaft
deutlich machen etwa an der auch in den letzten Jahren nicht nach-
lassenden Diskussion über die Mosaiken und den Baubefund der spätantiken Villa von Piazza Armerina im Inneren Siziliens: C. A m p o l o —
A. C a r a n d i n i — G. P u c c i — P. P e n s a b e n e, La Villa del
Casale e Piazza Armerina. Problemi, Saggi Stratigrafici ed altre Ricerche.
MEFR 83, 1971, 141 ff. Im Zentrum der Problematik steht hier auch
die Frage nach dem Besitzer, vermutlich Maxentius. Vgl. H. K ä h l e r,

La Villa di Massenzio a Piazza Armerina, ActaIRN 4, 1969, 41 ff.
S. S e t t i s , Per l'Interpretazione di Piazza Armerina, MEFR 87, 1975,
873 ff. I. P o l z e r , The Villa at Piazza Armerina and the Numismatic
Evidence, AJA 77, 1973, 139 ff.

Mehr oder weniger ausgesprochen steht hinter solchem Bemühen der
Versuch, antike Lebensform und -vorstellung zu begreifen und aus
ihrem Zusammenhang zu erhellen. Insofern sind schließlich die zahlreichen Forschungen zur antiken Stadt in ihren chronologisch und
regional differenzierten Erscheinungsformen sowie zu antiken Sied-
lungs- und Wohnformen überhaupt zu begreifen als ein Ansatz, die
archäologische bzw. architekturgeschichtliche Arbeit einzuordnen in
den größeren Rahmen einer kulturgeschichtlichen, kulturanthropologi-
schen Fragestellung.

Vgl. z. B. A. G i u l i a n o , Urbanistica delle città greche. 1966.
H. D r e r u p , Griechische Baukunst in geometrischer Zeit, ArchHom
Bd. II Kap. O. 1969. J. B. W a r d - P e r k i n s , From Republic to
Empire, Reflections on the early Provincial Architecture, JRS 60, 1970.
1 ff. D e r s . , Cities of Ancient Greece and Italy: Planning in Classical
Antiquity. 1974 (mit kurzer, aber nützlicher Bibliographie). G. A. M a n -
s u e l l i , Urbanistica e Architettura della Cisalpina Romana fino al
III sec. e. n. (Coll. Latomus Bd. 111) 1971. H. L a u t e r — H. L a u t e r -
B u f e , Wohnhäuser und Stadtviertel des klassischen Athen, AM 86,
1971, 109 ff. M. H a m m o n d , The City in the Ancient World. 1972.
P. A. F é v r i e r , The Origin and Growth of the Cities of Southern
Gaul to the third Century A.D., JRS 63, 1963, 1 ff. J. E. J o n e s ,
A. J. G r a h a m , L. H. S a c k e t t , An Attic Country House, BSA
68, 1973, 355 ff. R. M a r t i n , Agora et Forum, MEFR 84, 1974, 903 ff.
Die Antike Stadt. Diskussionen zur archäologischen Bauforschung 1,
hrsg. v. W. H o e p f n e r u. E. L. S c h w a n d n e r . 1974.

V. Die Methodendiskussion. Ausblick

Die naturwissenschaftliche Seite archäologischer Methodik ist bekanntlich in den letzten zwei Jahrzehnten in ganz ungeahntem Maße
ausgebaut worden (vgl. oben S. 52 ff.). Dabei geht es keineswegs allein
um technologische Fortschritte in der sog. 'Feldarchäologie' und 'Labor-
archäologie' (vgl. W. Müller-Wiener, Archäologische Ausgrabungs-
methodik, in: Enzyklopädie der geisteswiss. Arbeitsmethoden, 10. Lfg.
1974, 253 ff.), sondern ebensosehr um die Entwicklung eines analyti-

schen Methodeninstrumentariums zur Klassifizierung und Datierung
der gefundenen Artefakte. Dieses ist vor allem von der modernen
Vorgeschichtsforschung rezipiert worden (z. B. M. Dohrn-Ihmig, Untersuchungen zur Bandkeramik im Rheinland, Rheinische Ausgrabungen 15, 1975, 51 ff.), beeinflußt aber mittlerweile auch die historisch
und kunstwissenschaftlich orientierten Bereiche der sog. Klassischen
Archäologie.

Grundlegend: D. L. Clarke, Analytical Archaeology. 1968.
M. Y. Aitken, Physics and Archaeology[2]. 1975. Einführungen:
I. Scollar, Einführung in neue Methoden der archäologischen Prospektion, 1970. F. G. Maier, Neue Wege in die alte Welt. 1977 (mit
weiterer Literatur). Als neue Publikationsreihe sei genannt Archaeo-
Physika (hrsg. v. Rheinischen Landesmuseum Bonn), allgemein infor-
mieren die Art and Archaeology Technical Abstracts, hrsg. vom Institute
of Fine Arts der New York University. Die „Archäometrie", im Grunde
ein ebensolches interdisziplinäres Methodeninstrumentarium, hat jetzt in
Deutschland auch in den naturwissenschaftlichen Disziplinen eine festere
Basis erhalten (Arbeitskreise in der Dt. Mineralogischen Gesellschaft
und in der Gesellschaft Deutscher Chemiker). Die Schwierigkeiten der
Zusammenarbeit sind jedoch immer noch beträchtlich, vgl. B. Hoff-
mann — G. Schneider, Mitt. des Dt. Archäologen-Verbandes 7,
1976, 63 ff.
Die Auseinandersetzung mit der sog. "New Archaeology" amerikani-
scher Prägung (vgl. Clarke, s. o.; außerdem Models in Archaeology,
hrsg. von D. L. Clarke, London 1972) hat in den letzten Jahren
vor allem im Nachbarlande Frankreich eine lebhafte Theoriediskussion
hervorgerufen: R. Ginouvès, RA 1971, 93 ff. J.-C. Gardin,
A Propòs des Modèles en Archéologie, RA 1974, 341 ff. Ph. Bru-
neau, Quatre Propòs sur l'Archéologie Nouvelle, BCH 100, 1976,
103 ff. (mit Verweisen auf ältere Literatur). Eine grundsätzliche Darlegung freilich des ständig fortschreitenden Diskussions- und Entwick-
lungsstandes von seiten der deutschen Archäologie ist gegenwärtig ein
Desiderat.

Wie jüngst N. Himmelmann in einem breit angelegten Essay über
die wechselseitigen Zusammenhänge zwischen der Ausübung der Wissenschaft und den jeweils zeitgenössischen kulturellen Strömungen ein-
leuchtend begründet hat, ist auch im geisteswissenschaftlichen Bereich
die Reflexion über das Fach und seine Methoden gegenüber anderen
Disziplinen im Rückstand; unter anderem weil das Arbeitsgebiet um
rund zweitausend Jahre entfernt ist von der Epoche, in der sich die

Disziplin und ihre Methoden gebildet haben — und noch sich bilden bzw. sich verändern:

N. H i m m e l m a n n , Utopische Vergangenheit. Archäologie und moderne Kultur (1976) 13 f. Es ist im übrigen symptomatisch, daß der 1970 vom Deutschen Archäologen-Verband begonnene Versuch, die Theoriediskussion auf Jahrestagungen öffentlich zu führen, diesen methodischen Rückstand bislang nicht hat überwinden können. Es gilt dies wohl ebenso für das Bemühen, einen Konsensus über den gegenwärtigen Standort der Wissenschaft in ihrer interdisziplinären Verflechtung und Abgrenzung neu zu begründen (Hinweise bei N i e m e y e r , Mitt. d. Dt. Archäologen-Verbandes 8, 1977, 36 ff.). Das Theoriedefizit, das A. B o r b e i n , Gnomon 44, 1972, 287 f. (vgl. auch N i e m e y e r , Methodik der Archäologie, in: Enzyklopädie der geisteswissenschaftlichen Arbeitsmethoden Lfg. 10 [1974] 220 f.) beklagt hat, darf allerdings als Gefahr nicht verkannt werden. Denn die allzeit offenkundigen und in der Tat erstaunlichen Fortschritte der Wissenschaft bei der Bewältigung, d. h. vor allem bei der Bestimmung, Klassifizierung und Dokumentation der täglich wachsenden Fülle der Denkmäler läßt, wie durchaus treffend gesagt worden ist, „nur zu leicht vergessen, daß die Fragestellungen, die hinter den sichtbaren Fortschritten stehen, im allgemeinen ziemlich gleichartig und monoton sind. Wie vordergründig diese Fortschritte in geistiger Hinsicht sind, zeigt sich sogleich, wenn ... die Frage nach der Bedeutung gestellt und das Problem des Verstehens aufgeworfen werden" (Himmelmann a. O. 189). Immerhin, das Problematische der Situation ist mittlerweile doch von mehreren Seiten her erkannt und beschrieben worden. Es steht zu hoffen, daß der Wissenschaft daraus für die Zukunft neben neuen Impulsen auch die notwendigen Kräfte zuwachsen, sich selbst zu begreifen und ihrer Gegenwart jeweils begreiflich zu machen.

TAFELN

1 London, British Museum.
Kore vom Erechtheion.
H. 2,30 m. Vgl. S. 41.

2 Tivoli, Villa des Hadrian. Kopie der
Londoner Kore vom Erechtheion.
H. 2,14 m. Vgl. S. 41.

1 Athen, National-Museum Nr. 129. Marmorsta-
tuette vom Varvakeion, Kopie nach der Athena
Parthenos. H. 1,05 m. Vgl. S. 42 f.

2 Berlin, Pergamon-Museum.
Freie Kopie nach der Athena
Parthenos, aus Pergamon.
H. 3,51 m. Vgl. S. 42 f. 103.

Athen, Kerameikos-Museum. Grabmal des Dexileos. Marmor. H. mit Basis
1,75 m. 394/3 v. Chr. Vgl. S. 71.

1 London, British Museum. Zeichnung des J. Carrey vom Westgiebel des Parthenon (Detail). Vgl. S. 63.

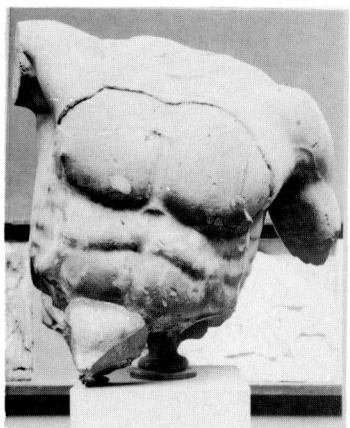

2 London, British Museum. Athena-Torso vom Westgiebel des Parthenon. H. (ohne Kopf) 0,76 m. Vgl. S. 66 ff.

3 London, British-Museum. Poseidon-Torso vom Westgiebel des Parthenon. H. etwa 0,83 m. Vgl. S. 67 f.

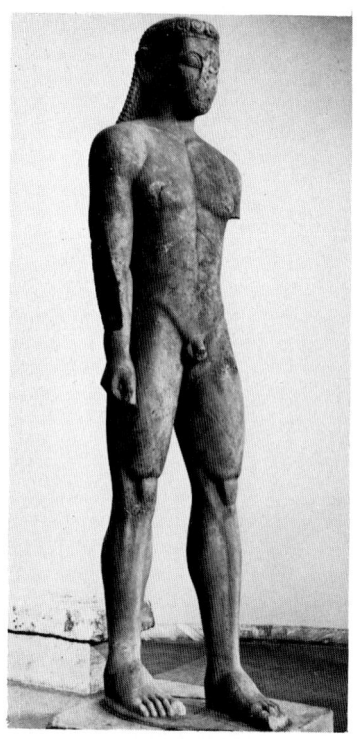

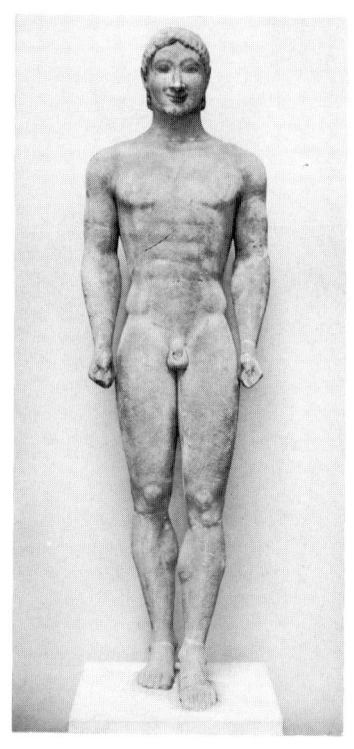

1 Athen, National-Museum Nr. 2720. Kuros, vom Poseidon-Heiligtum am Kap Sunion. Marmor. H. 3,05 m.

2 München, Glyptothek Nr. 169. Kuros, angeblich aus Attika. Marmor. H. 2,08 m.

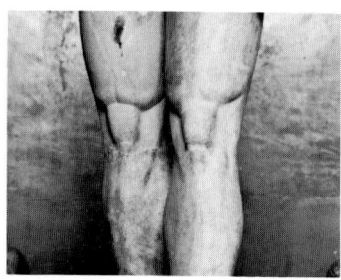

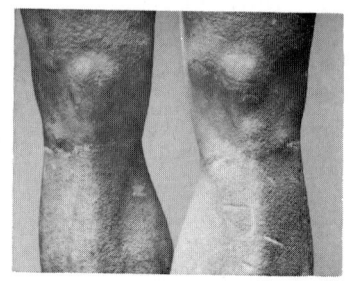

3 wie 1, Detail

4 wie 2, Detail

Vgl. S. 90.

1 Köln, Archäologisches Institut, Inventar-Nr. 313. Attische weiß-grundige Lekythos. H. 0,285 m. Vgl. S. 98.

2 Istanbul, Antiken-Museum Nr. 585. Statue des Hadrian im Panzer, aus Hierapytna (Kreta). Marmor. H. 2,54 m. Vgl. S. 108.

1 Athen, National-Museum Inv. 11036. Votivpinax der Niinion. H. 0,44 m. Vgl. S. 115.

2 Neapel, Museo Nazionale Inv. 72823. Bronzerelief von einer Truhe, aus Pompeji. H. 0,15 m. Vgl. S. 116.

Athen, National-Museum Nr. 15161. Bronzestatue des Poseidon, aus dem
Meer bei Kap Artemision. H. 2,09 m. Vgl. S. 118.